Josef Klug

Die Fahrzeuge der

FEUERWEHR NÜRNBERG

Graphische Gestaltung Buch und Einband:
Josef Klug

Recherchearbeiten:
Lothar Lang, Josef Klug, Rainer Zech

Bilder:
Rainer Zech, Patrick Sturm, Lothar Lang, Josef Klug, Bernd Franta, Stadtarchiv Nürnberg
Bildstelle der Feuerwehr Nürnberg, Private Sammlungen

Hinweis: Leider sind einige historische Aufnahmen von mangelnder Qualität. Das ist weder im Druck noch in der Bearbeitung begründet, sondern liegt ausschließlich an den zur Verfügung stehenden Vorlagen. Gleichwohl sind das Autorenteam und der Verlag der Auffassung, dass diese Bilder wegen ihrer Einzigartigkeit und zur Vervollständigung der Dokumentation Verwendung finden sollen.

Verlag Podszun-Motorbücher GmbH
Elisabethstraße 23-25, D-59929 Brilon
Herstellung: LUC Medienhaus, Greven
Internet: www.podszun-verlag.de
Email: info@podszun-verlag.de
ISBN 978-3-86133-944-1

Josef Klug

Die Fahrzeuge der

FEUERWEHR NÜRNBERG

In Gedenken an Lothar Lang

Der Glasermeister Lothar Lang hatte zwei rote Hobbies. Neben der Rhätischen Bahn entdeckte er seine Leidenschaft für Feuerwehrfahrzeuge. Als ehemaliges Mitglied der Freiwilligen Feuerwehr Nürnberg Gleißhammer und Mitglied im Vorstand des Fördervereins Nürnberger Feuerwehrmuseum begann er in den 1970er Jahren mit der Sammlung von Daten und Bildern aller Feuerwehrfahrzeuge, die bei der Feuerwehr Nürnberg in Dienst standen.

Diese lückenlose Fahrzeugliste diente dem Autorenteam, dem er bis zu seinem plötzlichen Tod im Jahr 2017 angehörte, als Grundlage für dieses Buch.

Mit diesem Buch wollen wir seine Arbeit würdigen und seiner gedenken.

Inhalt

BERUFSFEUERWEHR
NÜRNBERG
FREIWILLIGE
FEUERWEHR
NÜRNBERG

Einführung

In der Anfangszeit der Motorisierung von Feuerwehrfahrzeugen gab es keine einheitlichen Bauvorschriften. Die ersten Feuerwehrfahrzeuge waren noch reine Handarbeit, teilweise in Einzelanfertigung. Heute könnte man dies mit Feuerwehrfahrzeugmanufakturen vergleichen. Firmen, beziehungsweise Personen, die in der Gründerzeit Pionierarbeit leisteten, waren Metz (Mannheim, Karlsruhe), Magirus (Ulm) und Justus Christian Braun (Nürnberg).

Die ersten Planungen zur Motorisierung der Feuerwehr Nürnberg gehen auf das Jahr 1907 zurück. Aus diesem Jahr stammt die erste Magistratseingabe von Branddirektor Franz Wolfermann. In dieser Eingabe stellte er den wirtschaftlichen Vorteil von motorisierten Fahrzeugen gegenüber den pferdebespannten in den Vordergrund. Ein Gespann aus zwei Pferden und Kutscher kostete in Nürnberg 3500 Mark im Jahr. Dem gegenüber standen die Kosten für ein elektrisch angetriebenes Fahrzeug von 1800 Mark im Jahr. Diese Kostenaufstellung aus dem Jahr 1907 stammte von der Feuerwehr Hannover, die 1902 als erste Feuerwehr in Deutschland ein Fahrzeug mit Elektroantrieb in Betrieb nahm. Die Kostenaufstellung wurde durch den Geschäftsbericht der Nürnberger Feuerwehr für die Jahre 1922/23 bestätigt. Ausgaben von 5,1 Mio. Reichsmark für ein Pferdegespann, standen 1,4 Mio. Reichsmark Ausgaben für sämtliche 15 Kraftwagen entgegen.

Dem Beispiel von Hannover folgten bis 1906 noch weitere Feuerwehren in Deutschland. Neben 22 dampfangetriebenen Fahrzeugen waren 15 elektrisch betriebene Fahrzeuge im Einsatz. Zwei Jahre später wurden in einer Aufstellung über den Stand der Motorisierung bei den Feuerwehren bereits 10 benzinbetriebene Fahrzeuge aufgeführt.

Ein Fahrzeug mit Explosionsmotor war aus Sicht von Branddirektor Wolfermann nicht geeignet. Nach dem damaligen technischen Stand sah er die Verbrennungsmotoren als zu störanfällig an. Die dampfbetriebenen Fahrzeuge erforderten aus seiner Sicht zu viel Aufwand und Unterhaltskosten, da diese immer unter Dampf gehalten werden mussten. Deshalb favorisierte er 1907 den Elektroantrieb.

Die elektrische angetriebene Drehleiter (Batteriebetrieb) von Justus Christian Braun (Baujahr 1907) hatte bei einer Durchschnittsgeschwindigkeit von 25 km/h eine Reichweite von 25 km. Die elektrisch angetriebenen Feuerwehrfahrzeuge aus Berlin (Batteriebetrieb) brachten es bei einer Durchschnittsgeschwindigkeit von 36 km/h auf eine Reichweite von 50 km. Die Fahrzeuge mussten auf der Wache immer mit der Ladeeinheit verbunden sein und konnten an der Einsatzstelle nicht nachgeladen werden. Die Nachteile des eingeschränkten Wirkungskreises und die Verbesserungen im Motorenbereich veranlassten Franz Wolfermann, seine Einstellung zu überdenken und das Fahrzeugkonzept mit rein elektrisch angetriebenen Fahrzeugen zu ändern. Die Einführung der ersten motorbetriebenen Feuerwehrfahrzeuge erlebte er im Ruhestand. 1912 übernahm Wilhelm Sandberg die Führung der Berufsfeuerwehr Nürnberg.

Das erste motorisierte Fahrzeug der Berufsfeuerwehr Nürnberg war 1912 ein Rettungswagen (heute Rüstwagen) mit Otto-Verbrennungsmotor, der nach Plänen von Branddirektor Franz Wolfermann bei den Nürnberger Hercules-Werken angefertigt wurde. Den Motor lieferte die Firma Breuer aus Höchst am Main.

Bei der Beschaffung der ersten mechanischen Kraftfahrleiter und des ersten Pumpenwagens vertraute man 1912 auf die bekannte Nürnberger Feuerwehrgerätefabrik Justus Christian Braun, die den benzin-elektrischen Antrieb präferierte. Ein Verbrennungsmotor trieb dabei einen Dynamo an, der die Radnabenmotoren an den Hinterrä-

Rettungswagen.

Erstes Fahrzeug der Berufsfeuerwehr Nürnberg

Fahrzeug mit benzin-elektrischem Radnabenantrieb

dern mit Strom speiste. Die Justus Christian Braun Premier-Werke mussten 1913 Konkurs anmelden, die zwei bestellten Fahrzeuge kamen am 23. Februar 1913 noch zur Auslieferung. Sie blieben jedoch die einzigen ihrer Bauart. Die von Braun favorisierte Radnabentechnologie (Hybridantrieb) war seiner Zeit weit voraus und konnte sich damals nicht durchsetzen.

Nicht nur in Nürnberg schritt die Motorisierung der Feuerwehren voran. 1912 waren im gesamten Reich 117 Fahrzeuge mit Verbrennungsmotor, 90 mit elektrischem Antrieb und 22 mit benzin-elektrischem Antrieb im Einsatz. Dampfbetriebene Fahrzeuge wurden in dieser Aufstellung nicht mehr erwähnt.

Die weitere Motorisierung der Feuerwehr Nürnberg erfolgte durch den Kauf von Fahrgestellen, die in den eigenen Werkstätten umgebaut wurden. Somit entstanden Fahrzeuge, die in ihrer Bauart einzigartig waren. Erwies sich ein Fahrgestell als zu schwach, wurde der Aufbau heruntergenommen und auf ein anderes Fahrgestell gesetzt. Das alte Fahrgestell wurde zu einem anderen Fahrzeug umgebaut.

So wurde zum Beispiel der erste Gerätewagen der Feuerwache Ost zu einem Arbeitswagen (LKW) umgebaut. Der Umbau von Fahrzeugen fand auch noch nach dem Zweiten Weltkrieg statt. So wurden zum Beispiel Kraftspitzenfahrzeuge zu LKW oder Anhänger zu Sonderfahrzeugen umgebaut. Ein Beispiel aus der jüngsten Zeit ist der Umbau eines Arzt-Truppwagens zum Versorgungswagen und der eines Trocken-Tanklöschfahrzeugs zum Tanklöschfahrzeug.

Nach dem Ersten Weltkrieg, in der Weimarer Zeit, schritt die Motorisierung der Feuerwehr Nürnberg weiter voran. Ein Problem war die Überalterung der Fahrzeuge. Es gab viele Ausfallzeiten und Reparaturen. Die Motorisierung war teilweise zu schwach und die Fahrzeuge hatten eine offene Bauweise – die Mannschaft saß im Freien. Branddirektor Sandberg erkannte den Mangel, konnte aber wegen der Weltwirtschaftskrise und der politisch unruhigen Zeiten nicht handeln.

Mit der Machtergreifung der Nationalsozialisten änderte sich die Lage. Branddirektor Sandberg wurde seiner Funktion enthoben, dessen Aufgabe übernahm sein Stellvertreter Rudolf Bethke. Auf einmal war Geld vorhanden, um den Fahrzeugbestand zu modernisieren. Viele Fahrzeuge der Anfangsjahre wurden verschrottet und durch neue ersetzt. Für die neu angeschafften Fahrzeuge galten jedoch einheitliche Bauvorschriften. Auf Veranlas-

Löschzug der Feuerwache West 1925

sung des Reichs-Luftschutzministeriums und des Reichsministeriums des Inneren wurde 1935 die ehrenamtliche Feuerwehrtechnische Normstelle beauftragt, die Bauart der jeweiligen Feuerwehrausrüstungsgegenstände zu vereinheitlichen. Bis 1938 hatten alle wichtigen Feuerwehrgeräte eine Norm. Nach den Geräten folgte 1940 (16.02) die Norm für Löschfahrzeuge (Bauvorschrift, Beladung).

Nach dieser Vorschrift wurden diese Fahrzeuge in drei Gruppen eingeteilt: Leichtes Löschgruppenfahrzeug LLG (nach 1943 LF 8), Schweres Löschgruppenfahrzeug SLG (nach 1943 LF 15) und Großes Löschgruppenfahrzeug GLG (nach 1943 LF 25).

Nach Ende des Zweiten Weltkriegs wurde 1947 der Fachnormenausschuss Feuerlöschwesen (FNFW) geschaffen, der noch heute für die Normung von Feuerwehrfahrzeugen und Geräten verantwortlich ist. Rudolf Bethke ging bei der Beschaffung der neuen Fahrzeuge einen anderen Weg als sein Vorgänger. Die Fahrzeuge wurden nicht als Fahrgestell gekauft und selbst ausgebaut, sondern direkt bei einem Feuerwehrgerätehersteller als fertiges Fahrzeug bestellt. Nach mehreren Reisen zu anderen Feuerwehren fiel die Wahl von Branddirektor Bethke auf Fahrgestelle von Mercedes-Benz, die mit einem Aufbau von Metz (Karlsruhe) versehen wurden.

Die Zentrifugalpumpen (Feuerwehrkreiselpumpen) stammten von der Nürnberger Firma Amag-Hilpert Pegnitzhütten AG (Armaturen- und Maschinenfabrik vorm. J. A. Hilpert, heute Klein, Schranliz und Becker AG), die in ihrem Werk in der Glockenhofstraße seit 1900 Zentrifugalpumpen herstellte. Durch die Vereinheitlichung der Bauweise und die Serienproduktion konnten diese Fahrzeuge kostengünstig erworben werden.

Nach dem Zweiten Weltkrieg begann auch der Wiederaufbau der Berufsfeuerwehr Nürnberg. In den Anfangsjahren wurde der Fahrzeugbestand aus den vorhandenen Fahrzeugen sichergestellt. In der Zeit des Wiederaufbaus wurde neben den Feuerwachen auch der Fahrzeugbestand erneuert. Die Löschfahrzeuge wurden jedoch als Ganzes ausgeschrieben und beschafft. Wenn man Nürnberg auch gerne als MAN-Hochburg bezeichnet, fanden auch einige andere Lastwagenhersteller ihren Weg nach Nürnberg. In den 1960er Jahren waren darunter zwei Fahrzeuge vom Magirus-Deutz.

Die Fahrzeuge der heutigen Generation kann man von der Bauweise her nicht mit den Fahrzeugen der Kriegsbeziehungsweise Nachkriegsgeneration vergleichen. War früher Holz und Blech der wichtigste Werkstoff für die Aufbauten, wurden diese durch Aluminiumprofile abgelöst. Der Einsatz von Verbundstoffen, die Leistungssteigerung im Motorenbereich sowie die vermehrt eingesetzte Sicherheitstechnik führten dazu, dass die Fahrzeuge immer leichter, sparsamer und schneller wurden.

Die Fahrzeuge der Feuerwehr Nürnberg werden in der Abteilung Technik geplant und ausgeschrieben. Gruppenbeschaffungen von mehreren Fahrzeugen gleichzeitig führten dazu, dass die Feuerwehr Nürnberg heute über identische Löschgruppenfahrzeuge verfügt.

Einsatz nach dem Orkan Wiebke 1990: KW 12 und eine Reservedrehleiter in der Erlenstegenstraße

Einleitung Einsatzleitwagen

Die Einführung von Einsatzleitwagen (Stabswagen) bei der Berufsfeuerwehr Nürnberg war eine Konsequenz der Eingemeindungen in den 1920er Jahren. Bis zu diesem Zeitpunkt fuhr der Branddirektor oder einer der stellvertretenden (drei) Wachleiter nur bei besonderen Ereignissen zur Brandstelle innerhalb der Stadtgrenze. Bei Einsätzen im Bereich der nachbarschaftlichen Löschhilfe oder der Unfallhilfe außerhalb des Stadtgebietes wurden die Einheiten der Berufsfeuerwehr immer von einem Führungsfahrzeug begleitet. Denn: bis in die 1930er Jahre gab es Verträge zwischen den angrenzenden Gemeinden und der Feuerwehr Nürnberg, die sich zur Löschhilfe bereiterklärte, zum Beispiel Schwaig oder Stein. Außerdem war die Feuerwehr Nürnberg mit der Bayerischen Eisenbahngesellschaft vertraglich gebunden, für einen bestimmten Bahnabschnitt die technische Rettung durchzuführen, zum Beispiel Eisenbahnunfall Seukendorf oder der Brand der Kirche in Pyrbaum.

Die Ausdehnung des Stadtgebietes in nördlicher Richtung nach Lohe, Almoshof, Schnepfenreuth und Buch, und in südlicher Richtung nach Eibach, Reicheldorf, Mühlhof und Gebersdorf führte dazu, dass die Löschfahrzeuge der Feuerwache West weite Strecke zurücklegen mussten. Bei einer Durchschnittsgeschwindigkeit von 25 km/h benötigten die Löschfahrzeuge für die 10 km lange Strecke bis zur südlichen Stadtgrenze fast 25 Minuten. Da die ortsansässigen Freiwilligen Feuerwehren zur damaligen Zeit noch nicht motorisiert waren und nur über Handdruckspritzen beziehungsweise handgezogene Motorspritzen verfügten, fuhr dem Löschzug ein Fahrzeug mit dem Einsatzleiter voraus.

Dessen Aufgabe war es, die Leitung an der Einsatzstelle zu übernehmen und die Wasserversorgung vor Ort zu erkunden beziehungsweise die Löschwasserentnahme vorzubereiten. Diese Aufgabe wurde in den Anfangsjahren durch den Fahrer wahrgenommen. Mit der in Dienststellung schnellerer Löschfahrzeuge Mitte der 1920er Jahre wurde das Einsatzleitfahrzeug für Brände innerhalb vom Nürnberger Stadtgebiet nicht mehr eingesetzt. Bei Einsätzen außerhalb der Stadt und bei Großschadenslagen wurde die Einsatzleitung vom Branddirektor oder einen benannten Vertreter übernommen. Zu diesem Zweck verfügten diese über einen Dienstwagen.

Während des Zweiten Weltkriegs wurde der Einsatzleitdienst wiederaufgenommen. Durch die Luftangriffe, bei denen es im ganzen Stadtgebiet zu Bränden kam, übernahmen Führungsdienstgrade einzelne Einsatzabschnitte und leiteten die Einheiten vor Ort. Dazu verfügte jeder Luftschutz-Abschnittsleiter über einen Kommandowagen, mit dem er Erkundungsfahrten durchführen konnte. Mit Kriegsende wurde diese Regelung aufgehoben. Die Gesamteinsatzleitung wurde durch den jeweiligen Zugführer wahrgenommen.

Das Meldefahrrad wurde am Leiterpark mitgeführt

Mitte der 1950 Jahre wurde der Einsatzleitdienst als fester Bestandteil in der Alarm- und Ausdrückordnung festgeschrieben. Auf der Feuerwache West wurde mit einem VW Käfer der erste offizielle Einsatzleitwagen in Dienst gestellt.

Für Großschadenslagen wurde eine weitere Führungsebene eingeführt, der Direktionsdienst (D-Dienst), der vom Dienststellenleiter und den Abteilungsleitern wahrgenommen wurde, die allesamt auf den verschiedensten Feuerwachen wohnten.

Mit der Inbetriebnahme der Feuerwache 4 im Jahr 1977 wurde die Einsatzzentrale und die Branddirektion dorthin verlegt und ein Stützpunkt für den Direktionsdienst geschaffen. Dieser Schritt wurde notwendig, da nicht mehr alle Abteilungsleiter auf den Wachen wohnten. Der D-Dienststützpunkt wurde 2004 auf die Feuerwache 2 verlegt.

Die Fahrzeuge des Inspektions- und Direktionsdienst waren Anfang der 1960er Jahre die ersten Fahrzeuge, die mit Funkgeräten ausgestattet wurden. Somit wurden sie die Schnittstelle zwischen Feuerwehreinsatzzentrale (EZ) und der Einsatzleitung vor Ort (Einsatzleitwagen = Funkwagen).

Die Verbindung wurde vor dieser Zeit über den öffentlichen Feuermelder sichergestellt. Der Melder pendelte mit einem Fahrrad zwischen der Einsatzstelle und Feuermelder und gab über diesen Rückmeldungen oder Nachforderungen weiter. Bei Einsatzende fuhren die Feuerwehreinheiten wieder mit Alarm zur Wache, da Sie während dieser Zeit nicht alarmiert beziehungsweise angesprochen werden konnten.

Nach und nach wurden alle Feuerwehrfahrzeuge mit Funkgeräten ausgestattet und das bis dahin mitgeführte Melderfahrrad auf der Drehleiter abgeschafft.

Einsatzleitwagen

ELW

Kennzeichen: N - 2243	Farbe: Rubinrot
Baujahr: 1963	Länge: 4225 mm
Zulassung: 07.03.1963	Höhe:
In Dienst:	Breite: 1605 mm
Außer Dienst: 01.1975	Radstand: 2400 mm
Fahrzeughersteller: VW 1500 Variant Typ 36	Eigengewicht: 995 kg Gesamtgewicht: 1455 kg
Aufbauhersteller: BFN	Preis: 7.445,- DM
Stationiert auf FW 1 Funkrufname: Fl. 5	Sonstiges: DW 5
Motor: 4 Zyl. Boxer Leistung: 45 PS Hubraum: 1483 ccm Drehzahl:	ab 1969 Reserve ELW 1 ab 197? DW 6; Florian 6 ab 1971 DW 7 ohne Funk

ELW

Kennzeichen: N - 2200

Baujahr: 1969
Zulassung:
In Dienst:
Außer Dienst:

Fahrzeughersteller:
Opel Rekord
Caravan Typ C

Aufbauhersteller:
BFN

Stationiert auf FW 1
Funkrufname: Fl. 5

Motor: 4 Zyl. Reihe
Leistung: 90 PS
Hubraum: 1897 ccm
Drehzahl: 5100

Farbe: RAL 3000

Länge: 4550 mm
Höhe: 1456 mm
Breite: 1758 mm
Radstand: 2668 mm

Eigengewicht:
Gesamtgewicht:

Sonstiges:
ELW 1

ab 1974 DW 5

ELW

Kennzeichen: N - 2239

Baujahr: 1974
Zulassung: 17.09.1974
Außer Dienst: 10.1985

Fahrzeughersteller:
Opel Rekord 1900 S
Caravan Typ D

Aufbauhersteller:
BFN

Stationiert auf FW 1
Funkrufname: 1/10/1

Motor: 4 Zyl. Reihe
Leistung: 90 PS
Hubraum: 1875 ccm
Drehzahl: 5100

Farbe: RAL 3024

Länge: 4607 mm
Höhe: 1415 mm
Breite: 1718 mm
Radstand: 2668 mm

Eigengewicht: 1110 kg
Gesamtgewicht: 1685 kg

Preis: 17.000,- DM

Sonstiges:
ELW 1

ab 1979 ELW 1 - Res.
Florian 1/10/2
ab 1981 FW4; DW 6

ELW

Kennzeichen: N - 2998

Baujahr: 1979
Zulassung:
In Dienst:
Außer Dienst: 1992

Fahrzeughersteller:
BMW 520 Typ E12

Aufbauhersteller:
BFN

Stationiert auf FW 1
Funkrufname: 1/10/1

Motor: 520/6
6 Zyl. Reihe
Leistung: 122 PS
Hubraum: 1990 ccm
Drehzahl: 4000

Farbe: RAL 3024

Länge: 4620 mm
Höhe: 1425 mm
Breite: 1690 mm
Radstand: 2636 mm

Eigengewicht: 1240 kg
Gesamtgewicht:

Sonstiges:
ELW 1

ab 1980 ELW 1/2
Florian 1/10/2
ab 1992 DW 11
Florian 1/11/1

ELW

Kennzeichen: M-VM 2386 Farbe: RAL 3024

Baujahr:
Zulassung:
In Dienst:
Außer Dienst:

Länge: 4620 mm
Höhe: 1425 mm
Breite: 1690 mm
Radstand: 2636 mm

Fahrzeughersteller:
BMW 520 Typ E12

Eigengewicht:
Gesamtgewicht:

Aufbauhersteller:

Sonstiges:
Erprobungs- u. Testfahrzeug von BMW

Stationiert auf FW 1
Funkrufname: 1/10/1

Motor: 6 Zyl. Reihe
Leistung: 122 PS
Hubraum: 1990 ccm
Drehzahl: 4000

ELW

Kennzeichen: N - 2094 Farbe: RAL 3024

Baujahr: 1980
Zulassung: 20.01.1981
Außer Dienst: 12.1994

Länge: 4640 - 5355 mm
Höhe: 1395 - 1450 mm
Breite: 1786 mm
Radstand: 2795 mm

Fahrzeughersteller:
Mercedes Benz 230 TE
Baureihe 123

Eigengewicht: 1360 kg
Gesamtgewicht:

Aufbauhersteller:
BFN / Gebr. Bachert

Sonstiges:
ELW 1

Stationiert auf FW 1
Funkrufname: 1/10/1

ab 1992 1/10/2
ab 1994 1/11/1

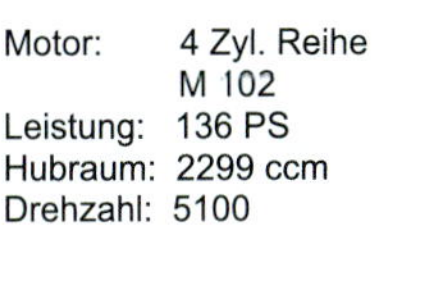

Motor: 4 Zyl. Reihe
M 102
Leistung: 136 PS
Hubraum: 2299 ccm
Drehzahl: 5100

ELW

Kennzeichen: N - 20101 Farbe: RAL 3000/9010

Baujahr: 1991
Zulassung: 05.06.1991
In Dienst:
Außer Dienst: 07.2008

Länge: 4495 mm
Höhe: 1815 mm
Breite: 1650 mm
Radstand: 2650 mm

Fahrzeughersteller:
Isuzu Trooper 2,3 UBS

Eigengewicht:
Gesamtgewicht: 2500 kg

Aufbauhersteller:
BFN

Sonstiges:
ELW 1

ab 1994 ELW 1/2
Florian 1/10/2
ab 11.2000 DW 11
Florian 1/11/1

Stationiert auf FW 1
Funkrufname: 1/10/1

Motor: 4 Zyl.
Leistung: 110 PS
Hubraum: 2224 ccm
Drehzahl:

ausgemustert wegen
Rostschadens

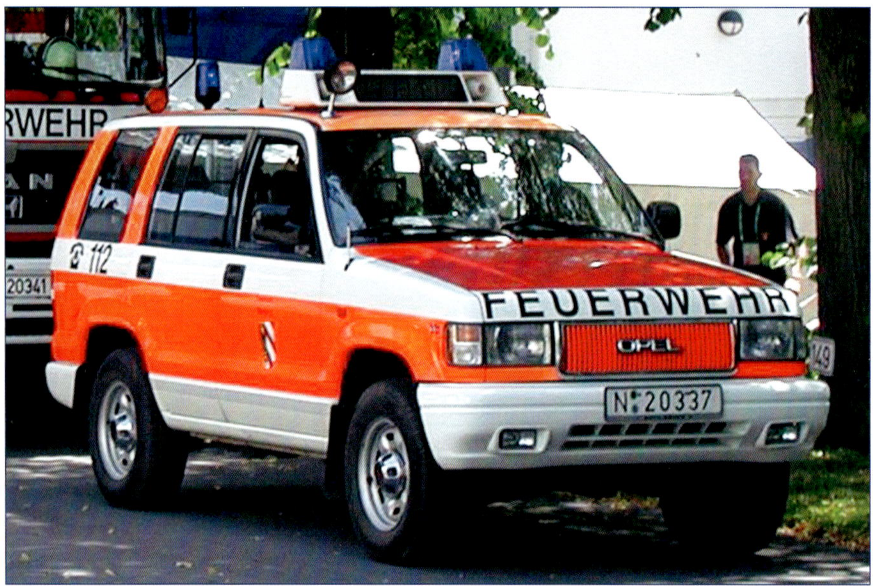

ELW

Kennzeichen: N - 20337 Farbe: RAL 3000/9010

Baujahr: 1993
Zulassung: 17.08.1993
In Diesnt:
Außer Dienst: 09.2010

Länge: 4700 mm
Höhe: 1935 mm
Breite: 1745 mm
Radstand: 2330 mm

Fahrzeughersteller:
Opel Monterey LTD 3,2 i V6 (Isuzu)

Eigengewicht: 2060 kg
Gesamtgewicht: 2600 kg

Aufbauhersteller:
BFN

Sonstiges:
ELW 1

Stationiert auf FW 1
Funkrufname: 1/10/1

ab 07.2000 ELW 1 -1/1 Florian 1/10/3
ab 11.2000 ELW 1 -1/2 Florian 1/10/2
ab 11.2008 KdoW 1/1 Florian 1/10/1

Motor: V 6 Zyl. RS
Leistung: 177 PS
Hubraum: 3165 ccm
Drehzahl: 3750

ELW

Kennzeichen: N - 20014 Farbe: RAL 3000/9010

Baujahr: 1999
Zulassung: 07.04.2000
In Dienst:
Außer Dienst:

Länge: 4760 mm
Höhe: 1840 mm
Breite: 1835 mm
Radstand: 2760 mm

Fahrzeughersteller:
Opel Monterey 3,5 Isuzu

Eigengewicht: 2101 kg
Gesamtgewicht: 2730 kg

Aufbauhersteller:
BFN / Albert Ziegler

Sonstiges:
ELW 1 - 1/1

Stationiert auf FW 1
Funkrufname: 1/10/1

ab 10.2008 DW 1/1 Florian 1/10/1
ab 11.2008 FW 2; KdoW 2/1 Florian 2/10/1
ab 2017 FW 1; KdoW 1/1 Florian 1/10/1

Motor: V 6 Zyl.
Leistung: 215 PS
Hubraum: 3494 ccm
Drehzahl:

ELW

Kennzeichen: N - FW 712 Farbe: RAL 3000/9010

Baujahr: 2007
Zulassung: 05.2008
In Dienst: 17.10.2008
Außer Dienst:

Länge: 5290 mm
Höhe: 2500 mm
Breite: 1900 mm
Radstand: 3400 mm

Fahrzeughersteller:
Volkswagen Transporter Kombi T5

Eigengewicht: 2730 kg
Gesamtgewicht: 3200 kg

Aufbauhersteller:
Furtner u. Ammer

Sonstiges:
ELW 1 - 2/1

Stationiert auf FW 2
Funkrufname: 2/12/1

Langer Radstand
Mittelhochdach

Motor: 5 Zyl.
Leistung: 174 PS
Hubraum: 2461 ccm
Drehzahl: 2200

ELW

Kennzeichen: N - FW 612 Farbe: RAL 3000/9010

Baujahr: 2007
Zulassung: 05.2008
In Dienst: 10.2008
Außer Dienst:

Fahrzeughersteller:
Volkswagen Transporter Kombi T5

Aufbauhersteller:
Furtner u. Ammer

Stationiert auf FW 1
Funkrufname: 1/12/2

Motor: 5 Zyl.
Leistung: 174 PS
Hubraum: 2500 ccm
Drehzahl: 2200

Länge: 5290 mm
Höhe: 2040 mm
Breite: 1904 mm
Radstand: 3400 mm

Eigengewicht: 2730 kg
Gesamtgewicht: 3200 kg

Sonstiges:
ELW 1 - 1/2
Langer Radstand
Mittelhochdach

Baugleich:
N - FW 512
FW 1; ELW 1 - 1/2
Florian 1/12/2

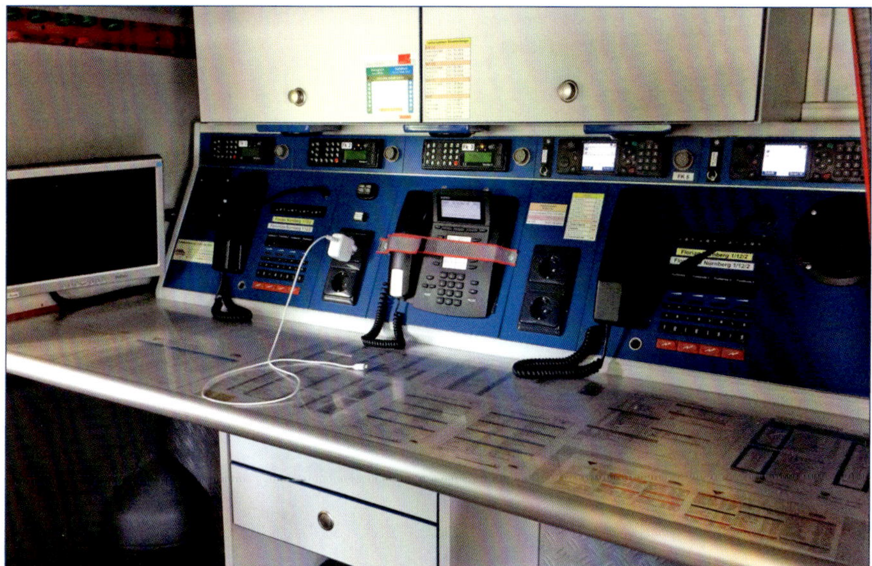

ELW

Kennzeichen: N-FW 6011 Farbe: RAL 3000/9010

Baujahr: 2019
Zulassung:
In Dienst: Ende 2019
Außer Dienst:

Fahrzeughersteller:
Volkswagen Transporter Kombi T6

Aufbauhersteller:
Compoint

Stationiert auf FW 1
Funkrufname: 1/12/1

Motor: 4 Zyl.
Leistung: 204 PS
Hubraum: 1984 ccm
Drehzahl: 6000

Länge: 5304 mm
Höhe: 2170 mm
Breite: 1904 mm
Radstand: 3400 mm

Eigengewicht: 2063 kg
Gesamtgewicht: 3080 kg

Sonstiges:
ELW 1 - 1/1

Baugleich:
N-FW 6012
FW 1; ELW 1 - 1/2
N-FW 6021
FW 2; ELW 1 - 2/1
N-FW 6022
FW 2; ELW 1 - 2/2

ELW 3

Kennzeichen: N - 2270

Baujahr: 1981
Zulassung: 08.03.1982
In Dienst:
Außer Dienst:

Fahrzeughersteller:
MAN SÜ 240

Aufbauhersteller:
Bachert

Stationiert auf FW 4
Funkrufname: 4/10/1

Motor: 6 Zyl. Diesel
Leistung: 240 PS
Hubraum: 11413 ccm
Drehzahl:

Farbe: RAL 3024
ab 2003 RAL 3000/9010

Länge: 11700 mm
Höhe: 3500 mm
Breite: 2500 mm
Radstand: 6000 mm

Eigengewicht: 12000 kg
Gesamtgewicht: 16000 kg

Preis: 650.000.- DM

Sonstiges:
ELW 3
ab 1992 FW 3; Fl. 3/13/1
2003 Technik erneuert durch BFN
ab 12.2004 FW 5
Florian 5/13/1

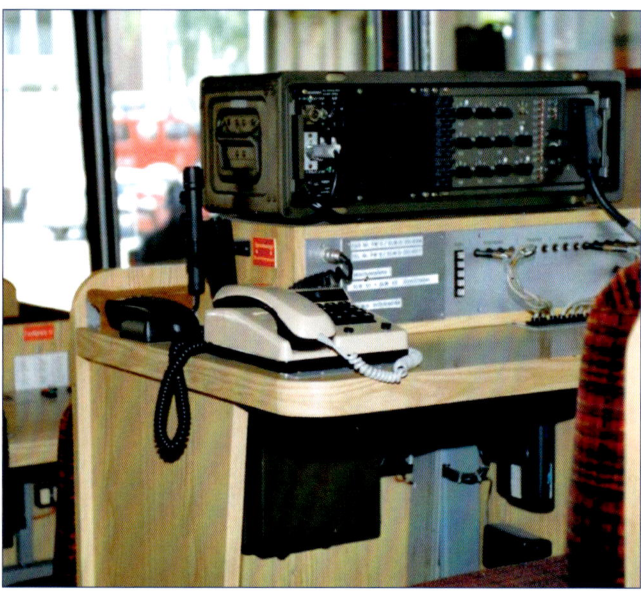

ELW 3 nach dem Umbau mit neuer Lackierung

DW

Kennzeichen: IIN 1085

Baujahr: 1919
Zulassung:
In Dienst:
Außer Dienst: 1935

Fahrzeughersteller:
Dürkopp (Bielefeld)

Aufbauhersteller:

Stationiert auf FW 1

Motor: 4 Zyl. Reihe
Leistung: 8/24 PS
Hubraum: 2090 ccm
Drehzahl:

Farbe:

Länge:
Höhe:
Breite:
Radstand:

Eigengewicht:
Gesamtgewicht:

Sonstiges:
Stabswagen 1

Aus Heeresbestand übernommen

Fahrzeug des Brand-direktor

DW

Kennzeichen:

Baujahr:
Zulassung: 05.1925
In Dienst:
Außer Dienst: 1936

Fahrzeughersteller:
Stöwer

Aufbauhersteller:

Stationiert auf FW 1

Motor: 6 Zyl.
Leistung: 45 PS
Hubraum: 3107 ccm
Drehzahl:

Farbe:

Länge:
Höhe:
Breite:
Radstand:

Eigengewicht:
Gesamtgewicht: 1400 kg

Sonstiges:
Stabswagen 3 / DW 3

gebraucht gekauft
Luftbereifung

DW

Kennzeichen: IIN

Baujahr: 1928
Zulassung: 10.1929
In Dienst:
Außer Dienst:

Fahrzeughersteller:
Faun Typ K3

Aufbauhersteller:

Stationiert auf FW 2

Motor: 4 Zyl.
Leistung: 6/30 PS
Hubraum: 1550 ccm
Drehzahl:

Farbe:

Länge: 3700 mm
Höhe: 1620 mm
Breite: 1780 mm
Radstand: 2850 mm

Eigengewicht:
Gesamtgewicht:

Sonstiges:
DW 3

ab 1936 Verwendung als Revisionsfahrzeug

Abbildung zeigt baugleiches Fahrzeug im Museum Industriekultur Nürnberg

DW

Kennzeichen: IIN 2921?
Pol 11555

Baujahr: 1929
Zulassung: 12.12.1935
In Dienst:
Außer Dienst:

Fahrzeughersteller: NAG (Neue Automobil Gesellschaft Berlin)
Protos Typ 204

Aufbauhersteller:

Stationiert auf Feuerwache Kornmarkt

Motor: 6 Zyl. Reihe
Leistung: 14/70 PS
Hubraum: 3594 ccm

Drehzahl: 3000
Farbe:

Länge: 5000 mm
Höhe: 2000 mm
Breite: 2000 mm
Radstand: 3380 mm

Eigengewicht: 1900 kg
Gesamtgewicht: 2500 kg

Sonstiges:
Stabswagen 1 / DW 1
Luftbereifung

Warum gleiches Kennzeichen wie DW 3 Horch nicht geklärt.

DW

Kennzeichen: IIN 2921
Pol 11556

Baujahr: 1930
Zulassung: BF 29.10.1935
Außer Dienst: ca.1947/1948

Fahrzeughersteller:
Horch 8
Horch - Werke Zwickau
6-Sitzer

Stationiert auf FW 1

Motor: 8 Zyl.
Leistung: 80 PS
Hubraum: 3923 ccm

Drehzahl:
Farbe:

Länge: 5100 mm
Höhe: 2100 mm
Breite: 1800 mm
Radstand: 3450 mm

Eigengewicht: 1985 kg
Gesamtgewicht: 2600 kg

Preis: 1800.- RM

Sonstiges:
DW 3

Kardanantrieb
1935 gebraucht gekauft

DW

Kennzeichen: IIN 2239
IIN 1921?
Pol 11557

Baujahr: 1935
Zulassung: 14.10.1935
In Dienst:
Außer Dienst: 1947/1948

Fahrzeughersteller:
Horch 8 6-Sitzer

Aufbauhersteller:

Stationiert auf FW 2

Motor: 8 Zyl
Leistung: 80 PS
Hubraum: 3923 ccm
Drehzahl:

Farbe:

Länge: 5100 mm
Höhe: 2100 mm
Breite: 1800 mm
Radstand: 3450 mm

Eigengewicht: 1985 kg
Gesamtgewicht: 2600 kg

Sonstiges:
DW 4

Kardanantrieb
1935 gebraucht gekauft

DW

Kennzeichen:AB 777 448 IIN 26100 Pol 122431 BY 699402

Farbe: Braun

Länge: 4100 mm
Höhe: 1500 mm
Breite: 1500 mm
Radstand: 2630 mm

Baujahr: 1939
Zulassung: 10.09.1943
In Dienst:
Außer Dienst: 12.1952

Eigengewicht: 820 kg
Gesamtgewicht: 1280 kg

Fahrzeughersteller:
Adler Trumpf Junior

Preis: 2876.- RM

Aufbauhersteller:

Stationiert auf FW 2

Sonstiges:
Stabswagen 3
ab 1948 Pw - Stabw.1
ab 09.01.1951 DW 2
ab 03.04.1951 DW 3

Motor: 4 Zyl. Reihe
Leistung: 25 PS
Hubraum: 995 ccm
Drehzahl:

Abbildung zeigt baugleiches Fahrzeug.
Bild: Arthur R. Riekmann

DW

Kennzeichen: Pol 11573

Farbe:

Baujahr: ?
Zulassung: 20.12.1940
In Dienst:
Außer Dienst:

Länge: 4500 mm
Höhe: 1650 mm
Breite: 1615 mm
Radstand: 2600 mm

Fahrzeughersteller:
Wanderer W 24

Eigengewicht: 1250 kg
Gesamtgewicht: 1520 kg

Aufbauhersteller:

Stationiert auf FW 3

Sonstiges:
DW 3
durch Luftangriff zerstört.

Motor: 4 Zyl. Reihe
Leistung: 42 PS
Hubraum: 1767 ccm
Drehzahl:

Abbildung zeigt baugleiches Fahrzeug.
Bild:
Technik Museum Speyer

DW

Kennzeichen: N - 2574 AB 777 454

Farbe: Schwarz

Länge: 4285 mm
Höhe: 1610 mm
Breite: 1630 mm
Radstand: 2845 mm

Baujahr: 1950
Zulassung: 05.01.1951
In Dienst: 09.01.1951
Außer Dienst: 05.1962

Eigengewicht: 1185 kg
Gesamtgewicht: 1505 kg

Fahrzeughersteller:
Mercedes Benz 170 Va

Preis: 7.425.- DM

Aufbauhersteller:

Sonstiges:
DW 1

Stationiert auf FW 1
Funkrufname: Fl. 1

Motor: 4 Zyl. Reihe
Leistung: 45 PS
Hubraum: 1767 ccm
Drehzahl: 1800

Abbildung zeigt baugleiches Fahrzeug.
Bild:
Mercedes-Benz Classic

DW

Kennzeichen: N - 2576
AB 777 463

Baujahr: 1953
Zulassung: 27.01.1953
In Dienst:
Außer Dienst: 10.1967

Fahrzeughersteller:
VW 1200 Export Typ 11a
(Brezelfenster)

Aufbauhersteller:

Stationiert auf FW 2
Funkrufname: Fl. 1

Motor: 4 Zyl. Boxer
Leistung: 25 PS
Hubraum: 1131 ccm
Drehzahl:

Farbe: Schwarz

Länge: 4070 mm
Höhe: 1550 mm
Breite: 1540 mm
Radstand: 2400 mm

Eigengewicht: 730 kg
Gesamtgewicht: 1110 kg

Preis: 5.539,- DM

Sonstiges:
DW 2

ab 12.1954 DW 3
ab 1958 DW 1
ab 1962 DW 5; Fl. 5
ab 1963 DW 7; o. Funk

Verkauft für 215,- DM

DW

Kennzeichen: N - 2575
AB 777 226

Baujahr: 1954
Zulassung: 23.12.1954
In Dienst: 01.01.1955
Außer Dienst: 06.1971

Fahrzeughersteller:
VW 1200 Typ 11

Aufbauhersteller:

Stationiert auf FW 2
Funkrufname: Fl. 2

Motor: 4 Zyl. Boxer
Leistung: 30 PS
Hubraum: 1192 ccm
Drehzahl:

Farbe: Schwarz
ab 1963 RAL 3000

Länge: 4070 mm
Höhe: 1550 mm
Breite: 1540 mm
Radstand: 2400 mm

Eigengewicht: 730 kg
Gesamtgewicht: 1110 kg
Preis: 4.997,- DM

Sonstiges:
DW 2
ab 1959 DW 5; Fl. 5
ab 1963 DW 4; Fl. 4
ab 1966 Fl. 6

Baugleich
N - 2577; DW 2
Baujahr: 1951
Außer Dienst: 01.1966
1954-56 (Bl Wagen)
ab 1963 DW 6

PKW

Kennzeichen: N - 2090

Baujahr: 1956
Zulassung: 18.10.1956
In Dienst:
Außer Dienst: 03.1963

Fahrzeughersteller:
BMW Isetta Modell 300

Aufbauhersteller:

Stationiert auf FW 1
Funkrufname: ohne Funk

Motor: 1 Zyl. Otto
Leistung: 13 PS
Hubraum: 300 ccm
Drehzahl:

Farbe: Japanrot

Länge: 2285 mm
Höhe: 1340 mm
Breite: 1380 mm
Radstand: 1500 mm

Eigengewicht: 350 kg
Gesamtgewicht: 580 kg

Preis: 2.883,- DM

Sonstiges:
Für Revisionen
Feuermelder u.
Hydranten

Abbildung zeigt
baugleiches Fahrzeug.
Bild:
BMW Group Archiv

DW

Kennzeichen: N - 2030

Baujahr: 1961
Zulassung: 07.11.1961
In Dienst: 13.11.1961
Außer Dienst: 10.1971

Fahrzeughersteller:
Mercedes Benz 190 c
W 110

Aufbauhersteller:

Stationiert auf FW 1
Funkrufname: Fl. 1

Motor: 4 Zyl. Reihe
Leistung: 80 PS
Hubraum: 1897 ccm
Drehzahl:

Farbe: Graphitgrau

Länge: 4730 mm
Höhe: 1495 mm
Breite: 1795 mm
Radstand: 2700 mm

Eigengewicht: 1280 kg
Gesamtgewicht: 1750 kg

Preis: 9.455,- DM

Sonstiges:
DW 1

ab 1963 zur FW 2

11.1971 verkauft für
2.055,- DM

DW

Kennzeichen: N - 2727

Baujahr: 1961
Zulassung: 1962
In Dienst:
Außer Dienst: 1975

Fahrzeughersteller:
VW 1500 Typ 31

Aufbauhersteller:

Stationiert auf FW 1
Funkrufname: Fl. 2

Motor: 4 Zyl. Boxer
Leistung: 45 PS
Hubraum: 1493 ccm
Drehzahl: 3800

Farbe: RAL 3000

Länge: 4225 mm
Höhe: 1475 mm
Breite: 1605 mm
Radstand: 2400 mm

Eigengewicht: 880 kg
Gesamtgewicht: 1250 kg

Sonstiges:
DW 4
ab 1962 zur FW 2
ab 1967 FW 1 DW 3; Fl 3
ab 1971 DW 6; Fl. 6

Baugleich
N - 2478; DW 2
Baujahr: 1966
Außer Dienst: 05.1967
N - 2035; DW 2
Baujahr: 1967
ab 1970 DW 4
Außer Dienst: 08.1976

DW

Kennzeichen: N - 2210

Baujahr: 1971
Zulassung: 28.07.1971
In Dienst: 08.10.1971
Außer Dienst: 03.1975

Fahrzeughersteller:
Mercedes Benz
200 W 115 V 20

Aufbauhersteller:

Stationiert auf FW 2
Funkrufname: Fl. 1

Motor: 4 Zyl. Reihe
Leistung: 95 PS
Hubraum: 1988 ccm
Drehzahl:

Farbe: Mittelblau

Länge: 4685 mm
Höhe: 1440 mm
Breite: 1770 mm
Radstand: 2750 mm

Eigengewicht: 1330 kg
Gesamtgewicht: 1850 kg

Preis: 13.400.- DM

Sonstiges:
DW 1

07.02.1975 Unfall,
Totalschaden

Fahrzeug des
Dienststellenleiter

DW

Kennzeichen: N - 2207

Baujahr: 1971
Zulassung: 25.11.1971
In Dienst:
Außer Dienst: 1978

Fahrzeughersteller:
Opel Rekord 1900 S
Typ C

Aufbauhersteller:

Stationiert auf FW 1
Funkrufname: Fl. 2

Motor: 4 Zyl. Reihe
Leistung: 90 PS
Hubraum: 1897 ccm
Drehzahl:

Farbe: RAL 3000

Länge: 4574 mm
Höhe: 1456 mm
Breite: 1758 mm
Radstand: 2668 mm

Eigengewicht: 1240 kg
Gesamtgewicht:

Sonstiges:
DW 2

ab 1977 DW 5; Fl. 5

Baugleich
N - 2231; DW 3
Baujahr: 1971
ab DW 5; Fl. 5
Außer Dienst: 1978

DW

Kennzeichen: N - 2236

Baujahr: 1974
Zulassung: 16.09.1974
In Dienst: 17.09.1974
Außer Dienst: 10.1986

Fahrzeughersteller:
Opel Rekord 1900 S
Typ D

Aufbauhersteller:

Stationiert auf FW 1
Funkrufname: Fl. 2

Motor: 4 Zyl. Reihe
Leistung: 97 PS
Hubraum: 1875 ccm
Drehzahl:

Farbe: RAL 3024

Länge: 4607 mm
Höhe:
Breite: 1728 mm
Radstand: 2668 mm

Eigengewicht: 1065 kg
Gesamtgewicht: 1545 kg

Preis: ca. 12.200,- DM

Sonstiges:
DW 3

ab 1979 DW 15
Fl. 4/15/2

Verkauft für 380,- DM

DW

Kennzeichen: N - 2253

Baujahr: 1975
Zulassung: 02.07.1975
In Dienst:
Außer Dienst: 09.1983

Fahrzeughersteller:
VW 1200 Typ 111011

Aufbauhersteller:

Stationiert auf FW 2
Funkrufname: Fl. 5

Motor: 4 Zyl. Boxer
Leistung: 34 PS
Hubraum: 1285 ccm
Drehzahl:

Farbe: RAL 3000/9010

Länge: 4140 mm
Höhe:
Breite: 1585 mm
Radstand: 2420 mm

Eigengewicht: 890 kg
Gesamtgewicht: 1290 kg

Preis: 8900,- DM
Sonstiges:
DW 5
ab 1977 DW 12
Fl. 2/15/1

Baugleich
N - 2283; DW 8
Baujahr: 1972
Außer Dienst: 12.1984
N - 2799; DW 2
Baujahr: 1959
Außer Dienst: 12.1971

DW

Kennzeichen: N - 2243

Baujahr: 1975
Zulassung: 02.07.1975
In Dienst:
Außer Dienst: 06.1986

Fahrzeughersteller:
Mercedes Benz 200 D
W 115 D 20

Aufbauhersteller:

Stationiert auf FW 2
Funkrufname: Fl. 1

Motor: 4 Zyl. Reihe
Leistung: 95 PS
Hubraum: 1988 ccm
Drehzahl:

Farbe: Aquablau
DB Nr. 917

Länge: 4680 mm
Höhe: 1440 mm
Breite: 1770 mm
Radstand: 2750 mm

Eigengewicht: 1410 kg
Gesamtgewicht: 1905 kg

Preis: 20.200.- DM

Sonstiges:
DW 1

Fahrzeug des
Dienststellenleiters

DW

Kennzeichen: N - 2345

Baujahr: 1976
Zulassung:
In Dienst:
Außer Dienst: 1991

Fahrzeughersteller:
VW Golf Typ 17

Aufbauhersteller:

Stationiert auf FW 3
Funkrufname: 3/15/1

Motor: 4 Zyl. Reihe
Leistung: 55 kW (75 PS)
Hubraum: 1588 ccm
Drehzahl: 5600

Farbe: RAL 3000

Länge: 3705 mm
Höhe: 1390 mm
Breite: 1610 mm
Radstand: 2400 mm

Eigengewicht:
Gesamtgewicht: 740 kg

Sonstiges:
DW 13

ab 20?? Florian 3/11/1

Baugleich
N - 1496; DW 14
Baujahr: 1977
Außer Dienst: 1991

DW

Kennzeichen: N - 2640

Baujahr: 1978
Zulassung: 15.12.1978
In Dienst:
Außer Dienst: 1991

Fahrzeughersteller:
BMW 520 Typ E12

Aufbauhersteller:

Stationiert auf FW 2
Funkrufname: Fl. 3

Motor: 6 Zyl. Reihe
Leistung: 122 PS
Hubraum: 1977 ccm
Drehzahl:

Farbe: RAL 3024

Länge: 4620 mm
Höhe: 1425 mm
Breite: 1690 mm
Radstand: 2636 mm

Eigengewicht: 1310 kg
Gesamtgewicht: 1770 kg

Sonstiges:
DW 3

Baugleich
N - 2367; DW 2
Baujahr: 1976
ab 1978 DW 5
Außer Dienst: 09.1988
N - 2644; DW 2
Baujahr: 1978
Außer Dienst: 11.1982
N - 1587; DW 4
Baujahr: 1978
Außer Dienst: 1991

DW

Kennzeichen: N - 2490
Farbe: RAL 3024

Baujahr: 1983
Zulassung: 19.04.1983
In Dienst:
Außer Dienst: 05.2000

Länge: 4620 mm
Höhe: 1680 mm
Breite: 1700 mm
Radstand: 2625 mm

Fahrzeughersteller:
BMW 520 Typ E28

Eigengewicht: 1240 kg
Gesamtgewicht: 1820 kg

Aufbauhersteller:

Sonstiges:
DW 6

Stationiert auf FW 1
Funkrufname: Fl. 2

ab 1995 auf FW 4; Fl. 2/1
ab 1997 auf FW 1; Fl. 1/2

Motor: 6 Zyl. Reihe
Leistung: 125 PS
Hubraum: 1977 ccm
Drehzahl: 5800

DW

Kennzeichen: N - 2291
Farbe: RAL 3000

Baujahr: 1984
Zulassung: 03.12.1984
In Dienst:
Außer Dienst: 11.2001

Länge: 3985 mm
Höhe: 1600 mm
Breite: 1665 mm
Radstand: 2475 mm

Fahrzeughersteller:
VW Golf D 19E

Eigengewicht: 900 kg
Gesamtgewicht: 1430 kg

Aufbauhersteller:

Preis: ca. 16.000.- DM
Sonstiges:
DW 12
ab 2001 DW 16
Fl. 3/11/3

Stationiert auf FW 2
Funkrufname: 2/11/1

Motor: 4 Zyl. Reihe
Leistung: 54 PS
Hubraum: 1588 ccm
Drehzahl:

Baugleich
N - 2572; DW 15
ab 2004 DW 14
ab 2008 DW N/ 1-5
Baujahr: 1986

DW

Kennzeichen: N - 2646
Farbe: RAL 3000

Baujahr: 1985
Zulassung: 29.04.1986
In Dienst:
Außer Dienst: 05.2008

Länge: 4740 mm
Höhe: 1470 mm
Breite: 1740 mm
Radstand: 2800 mm

Fahrzeughersteller:
Mercedes Benz 250 D
W124 D 25

Eigengewicht: 1320 kg
Gesamtgewicht: 1840 kg

Preis: ca. 38.000,- DM

Aufbauhersteller:

Sonstiges:
DW 1
Fahrzeug des
Dienststellenleiter
ab 1996 FW 2; Fl. 1
ab 1997 FW 4; Fl. 2/1
ab 2001 DW 4/3
Fl. 4/10/3
ab 2008 DW 4/5 Fl 4/10/5

Stationiert auf FW 4
Funkrufname: Fl. 1

Motor: 5 Zyl. Reihe
Leistung: 90 PS
Hubraum: 2497 ccm
Drehzahl:

DW

Kennzeichen: N - 2459
Farbe: RAL 3024

Baujahr: 1988
Zulassung: 25.08.1988
In Dienst:
Außer Dienst: 09.2004

Länge: 4366 mm
Höhe: 1395 mm
Breite: 1668 mm
Radstand: 2574 mm

Fahrzeughersteller:
Opel Ascona 2,0 i

Eigengewicht: 1045 kg
Gesamtgewicht: 1545 kg

Aufbauhersteller:

Stationiert auf FW
Funkrufname: Fl. 5

Motor: 4 Zyl. Reihe
Leistung: 130 PS
Hubraum: 1984 ccm
Drehzahl: 5600

Sonstiges:
DW 5

ab 1995 Fl. 3/1
ab 1996 FW 2
ab 2001 DW 12
Fl. 2/11/1

DW

Kennzeichen: N - 2199
Farbe: RAL 3024
ab 2006 RAL 3000/9010

Baujahr: 1990
Zulassung: 22.01.1991
In Dienst:
Außer Dienst: 2011

Länge: 4430 mm
Höhe: 1400 mm
Breite: 1700 mm
Radstand: 2600 mm

Fahrzeughersteller:
Opel Vectra A 2,0 i

Eigengewicht:
Gesamtgewicht: 1645 kg

Aufbauhersteller:

Stationiert auf FW 4
Funkrufname: 4/10/1

Motor: 4. Zyl. Otto
Leistung: 85 kW/115 PS
Hubraum: 1998 ccm
Drehzahl: 6000

Sonstiges:
DW 4

ab 1995 Fl. 4/1
ab 1999 FW 3
ab 2001 DW 3
ab 2001 DW 3/2
ausgemustert 11.2008

ab 01.04.2009 wieder im Dienst Fl. 4/10/4
ab 2010 FW 5; Fl. 5/10/2

DW

Kennzeichen: N - 2250
Farbe: RAL 3024

Baujahr: 1991
Zulassung: 07.01.1992
In Dienst:
Außer Dienst: 04.2009

Länge: 4430 mm
Höhe: 1400 mm
Breite: 1700 mm
Radstand: 2600 mm

Fahrzeughersteller:
Opel Vectra A 2.0i

Eigengewicht: 1005 kg
Gesamtgewicht: 1645 kg

Aufbauhersteller:

Sonstiges:
DW 3

Stationiert auf FW 2
Funkrufname: Fl. 3

Motor: 4. Zyl. Otto
Leistung: 85 kW/115 PS
Hubraum: 1998 ccm
Drehzahl: 6000

ab 1995 Fl. 1/1
ab 05.1996 FW 4
ab 03.2001 DW 4/2
Florian 4/10/2
ab 12.2004 FW 5
DW 15; Fl. 5/11/1
ab 11.2008 FW 4
KdoW 4/4; Fl. 4/10/4

DW

Kennzeichen: N - 2690
Farbe: RAL 3000
ab 2007 RAL 3000/9010

Baujahr: 1996
Zulassung: 11.12.1996
In Dienst: 01.1997
Außer Dienst: 2015

Länge: 4797 mm
Höhe: 1444 mm
Breite: 1783 mm
Radstand:

Fahrzeughersteller:
Audi A6 quattro 2,6 C4

Eigengewicht: 1615 kg
Gesamtgewicht: 2090 kg

Aufbauhersteller:

Sonstiges:
DW 1
Fahrzeug des
Dienststellenleiters

Stationiert auf FW 2
Funkrufname: Fl. 1

Motor: 6 Zyl.
Leistung: 150 PS
Hubraum: 2598 ccm
Drehzahl:

ab 2007 DW 4/4
Florian 4/10/4
2008 vorübergehend als
DW auf FW 1

DW

Kennzeichen: N - 20102 Farbe: RAL 3000

Baujahr: 1991
Zulassung: 05.06.1991
In Dienst:
Außer Dienst: 08.2006

Länge: 3652 mm
Höhe: 1532 mm
Breite: 1535 mm
Radstand: 2343 mm

Fahrzeughersteller:
Opel Corsa 1,4i swing
Corsa-A-CC

Aufbauhersteller:

Stationiert auf FW 4
Funkrufname: 4/11/1

Motor: 4 Zyl. Reihe
Leistung: 60 PS
Hubraum: 1389ccm
Drehzahl:

Eigengewicht: 735-865 kg
Gesamtgewicht: 1250 kg

Preis: ca. 16.300,- DM
Sonstiges:
DW 14
ab 05.2004 FW 2
Florian 2/11/2
ab 12.2004 DW 12

Baugleich
N - 20115; DW 13
Baujahr: 1991
Außer Dienst: 02.2008

DW

Kennzeichen: N - 20230 Farbe: Weiß
ab 2005 RAL 3000/9010

Baujahr: 1999
Zulassung: 20.04.1999
In Dienst:
Außer Dienst: 2018

Länge: 4110 mm
Höhe: 1780 mm
Breite: 1650 mm
Radstand:

Fahrzeughersteller:
Ford Fiesta Courier
Typ J5S

Aufbauhersteller:

Stationiert auf FW 1
Funkrufname: ohne
ab 2017 Fl. 1/11/1

Motor: Benzin D 4
Schadstoffarm
Leistung: 60 PS
Hubraum: 1299 ccm
Drehzahl:

Eigengewicht: 1299 kg
Gesamtgewicht: 1630 kg

Sonstiges: mit
Werbebeschriftungen
ab 2001 auf FW 4
ab 2002 N - 20230
ab 08.2005 DW 16
Florian 4/89/1
ab 08.2006 FW 2; DW 12
Florian 2/89/1
ab 2017 FW 1; DW 1/1
Forian 1/11/1

DW

Kennzeichen: N - 20094 Farbe: RAL 3000/9010

Baujahr: 2000
Zulassung: 22.12.2000
In Dienst: 16.03.2001
Außer Dienst:

Länge: 4479 mm
Höhe: 1417 mm
Breite: 1733 mm
Radstand: 2622 mm

Fahrzeughersteller:
Audi A4 Avant 1,8
Automatik Typ B5

Aufbauhersteller: BFN

Stationiert auf FW 4
Funkrufname: 4/10/1

Motor: 4 Zyl. Reihe
Diesel
Leistung: 125 PS
Hubraum: 1781 ccm
Drehzahl: 2800

Eigengewicht: 1410 kg
Gesamtgewicht: 1885 kg

Sonstiges:
DW 5 (KdoW 5/2)
ab 200? FW 5; Fl. 5/10/2

Baugleich
N - 20095; DW 2
(KdoW 3/4) Fl. 3/10/4
ab 200? FW 5; Fl. 5/10/3
N - 20122; DW 3/1
(KdoW 3/5)
Florian 3/10/5
Außer Dienst: 2010

DW

Kennzeichen: N - FW 201 Farbe: RAL 3000

Baujahr: 2007		Länge:	5000 mm
Zulassung:		Höhe:	1400 mm
In Dienst: 03.09.2007		Breite:	1850 mm
Außer Dienst:		Radstand:	

Fahrzeughersteller:
Audi A6 Avant Automatic

Eigengewicht: 1800 kg
Gesamtgewicht: 2350 kg

Aufbauhersteller:

Sonstiges:
DW 1

Stationiert auf FW 2
Funkrufname: Fl. 1

ab 11.2008; KdoW 1

Motor: 6 Zyl.Diesel TDI
Leistung: 180 PS
Hubraum: 2698 ccm
Drehzahl:

Fahrzeug des Dienststellenleiters

DW

Kennzeichen: N - FW 400 Farbe: RAL 3000/9010

Baujahr: 2007		Länge:	4270 mm
Zulassung: 01.2008		Höhe:	1604 mm
Außer Dienst:		Breite:	1777 mm
		Radstand:	2778 mm

Fahrzeughersteller:
Mercedes B 200 CDI

Eigengewicht: 1435 kg
Gesamtgewicht: 1500 kg

Aufbauhersteller:
Mercedes-Benz Mosolf

Sonstiges:
DW 4/1
ab 11.2008 Kdow 4/1
ab 200? FW 3; Fl. 3/10/2

Stationiert auf FW 4
Funkrufname: 4/10/1

Motor: 4 Zyl. Reihe EURO 4 Diesel
Leistung: 140 PS
Hubraum: 1991 ccm
Drehzahl: 4200

Baugleich
N - 2735; DW 4/2
ab 2008 Kdow 4/2
ab 200? FW 3; Fl. 3/10/3
Zulassung: 03.2007

DW

Kennzeichen: N - FW 136 Farbe: RAL 3000/9010

Baujahr: 2010		Länge:	4407 - 4505 mm
Zulassung:		Höhe:	1800 mm
In Dienst: 30.08.2010		Breite:	1794 mm
Außer Dienst:		Radstand:	

Fahrzeughersteller:
VW Touran Trentline 2,0 l TDI mit Dieselpartikelfilter

Eigengewicht: 1667 kg
Gesamtgewicht: 2240 kg

Aufbauhersteller:
Compoint

Sonstiges:
KdoW 1/1
ab 2018 KdoW 1/2
Fl. 1/10/2

Stationiert auf FW 1
Funkrufname: 1/10/1

Motor: 4 Zyl.
Leistung: 103 kW
Hubraum: 1968 ccm
Drehzahl: 4000

Baugleich:
N - FW 137; KdoW 4/4
Baujahr: 2010
N - FW 138; KdoW 4/5
Baujahr: 2010

DW

Kennzeichen: N - FW 139 Farbe: RAL 3000/9010

Baujahr: 2010
Zulassung:
In Dienst: 15.09.2010
Außer Dienst:

Länge: 4433 mm
Höhe: 1810 mm
Breite: 1809 mm
Radstand:

Fahrzeughersteller:
VW Tiguan

Eigengewicht: 1675 kg
Gesamtgewicht: 2375 kg

Aufbauhersteller:
Compoint

Sonstiges:
KdoW 4/6

Stationiert auf FW 4
Funkrufname: 4/10/6

Baugleich
N - FW 142; KdoW 3/3
Baujahr: 2010
Außer Dienst: 2012
N - FW 141; KdoW 4/3
Baujahr: 2013

Motor: 4 Zyl. Diesel
Leistung: 103kW/140PS
Hubraum: 1968 ccm
Drehzahl: 4200

DW

Kennzeichen: N - FW 210 Farbe: RAL 3000/9010

Baujahr: 2011
Zulassung:
In Dienst:
Außer Dienst:

Länge: 4406 mm
Höhe: 2000 mm
Breite: 1794 mm
Radstand: 2682 mm

Fahrzeughersteller:
VW Caddy

Eigengewicht: 1620 kg
Gesamtgewicht: 2159 kg

Aufbauhersteller:

Sonstiges:
DW Werkstatt

Stationiert auf FW 4
Funkrufname: 4/50/3

Motor: 4 Zyl. Diesel
Leistung: 102 PS/75 kW
Hubraum: 1598 ccm
Drehzahl: 4400

DW

Kennzeichen: N - FW 314 Farbe: RAL 9010

Baujahr: 2016
Zulassung:
In Dienst:
Außer Dienst:

Länge: 4404 mm
Höhe: 1845 mm
Breite: 1832 mm
Radstand: 2682 mm

Fahrzeughersteller:
Fiat Doblo

Eigengewicht: 1445 kg
Gesamtgewicht: 1975 kg

Aufbauhersteller:

Sonstiges:
DW 3

Stationiert auf FW 3
Funkrufname: ohne Funk

Durch die Fa. Mobil für 5 Jahre zu Verfügung gestellt (Werbefinanziert)

Motor: 4 Zyl. Benzin
Euro 6
Leistung: 70 kW / 95 PS
Hubraum: 1368 ccm
Drehzahl:

KdoW

Kennzeichen: N-FW 4102 Farbe: RAL 3000/9010

Baujahr: 2017
Zulassung:
In Dienst:
Außer Dienst:

Länge: 4527 mm
Höhe: 1659 mm
Breite: 1829 mm
Radstand: 2791 mm

Fahrzeughersteller:
VW Touran
Comfortline 2.0TDI

Eigengewicht: 1552 kg
Gesamtgewicht: 2180 kg

Aufbauhersteller:
Compoint

Sonstiges:
KdoW 4/2

Stationiert auf FW 4
Funkrufnam: 4/10/1

Baugleich
N-FW 4101; KdoW 4/1
FW 4; Fl 4/10/1
ab 2018 FW 1; Fl 1/10/1
N-FW 4103; KdoW 4/3
FW 4; Fl 4/10/3
ab 2018 FW 3; 3/10/1
N-FW 4104; KdoW 4/4
N-FW 4105; KdoW 4/5

Motor: 4 Zyl. Diesel Euro 6
Leistung: 110 kW/150 PS
Hubraum: 1968 ccm
Drehzahl: 3500

KdoW

Kennzeichen: N-FW 4201 Farbe: RAL 3000/9010

Baujahr: 2018
Zulassung: 09/2018
In Dienst:
Außer Dienst:

Länge: 4527 mm
Höhe: 1780 mm
Breite: 1829 mm
Radstand: 2850 mm

Fahrzeughersteller:
VW Touran

Eigengewicht: 1669 kg
Gesamtgewicht: 2200 kg

Aufbauhersteller:
Compoint

Sonstiges:
KdoW 4/1

Stationiert auf FW 4
Funkrufname: 4/10/1

Baugleich:
N-FW 4202; KdoW 4/2
Florian 4/10/2
N-FW 4203; KdoW 4/3
Florian 4/10/3

Motor: 4 Zyl. Reihe
Leistung: 110kW/150 PS
Hubraum: 1998 ccm
Drehzahl: 3500

DW

Kennzeichen: N - FW 199 Farbe: Weiß

Baujahr: 2019
Zulassung: 2019
In Dienst:
Außer Dienst:

Länge: 4157 mm
Höhe: 1770 mm
Breite: 1991 mm
Radstand: 2489 mm

Fahrzeughersteller:
Ford Transit Courier

Eigengewicht: 1280 kg
Gesamtgewicht: 1780 kg

Aufbauhersteller:
Compoint

Sonstiges:
DW 4/1

Stationiert auf FW 4
Funkrufname: ohne Funk

Durch die Fa. Mobil für 5 Jahre zu Verfügung gestellt (Werbefinanziert)

Motor: 4 Zyl. Reihe
Leistung: 74 kW
Hubraum: 998 ccm
Drehzahl:

Kennzeichen: N - FW 116

Baujahr: 2013
Fahrzeughersteller:
Mercedes Benz
GLK 220 CDI
Farbe: RAL 3000

Kennzeichen: N - FW 102

Baujahr: 2015
Fahrzeughersteller:
Mercedes Benz
GLA 200 CDI
Farbe: Jupiterrot

Kennzeichen: N - FW 146

Baujahr: 2014
Fahrzeughersteller:
Mercedes Benz
GLK 220 CDI
Farbe: Jupiterrot

Kennzeichen: N - FW 146

Baujahr: 2016
Fahrzeughersteller:
Mercedes Benz
GLK 220 CDI
Farbe: Weiß

Kennzeichen: N-FW 6112

Baujahr: 2015
Fahrzeughersteller:
BMW 520 d
Farbe: Weiß

Die ersten Fahrzeuge der Integrierten Leitstelle Nürnberg wurden für jeweils ein Jahr geleast. Die letzten zwei Fahrzeuge wurden gekauft.

Diese Fahrzeuge werden vom Lagedienst und Mitarbeiter der ILS als Dienstfahrzeug eingesetzt.

Außer der Funkanlage und mobilen Blaulichter, sind diese nicht als Feuerwehrfahrzeuge erkenntlich.

Kennzeichen:N-FW 6112

Baujahr: 2015
Fahrzeughersteller:
VW T 6
Farbe: Serienrot

Kennzeichen: N-FW 6102

Baujahr: 2018
Fahrzeughersteller:
VW T 6
Farbe: Serienrot

Unfallbilder

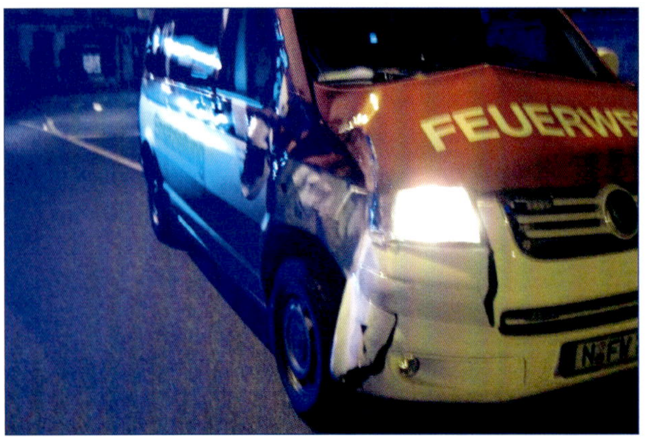

Der Übergang von den pferdegezogenen Feuerwehrwagen zu den motorbetriebenen Fahrzeugen fand nicht abrupt statt. Mit der Anschaffung neuer Fahrzeuge gingen alte Anhänger außer Dienst, andererseits wurden Aufbauten von Wagen abgebaut und auf Fahrgestelle umgesetzt. Für Wagen bei denen der Aufwand nicht mehr rentabel war, die man jedoch noch nicht ausmustern wollte, wurde mit dem elektrischen Vorspannwagen ein Kompromiss gefunden.

Kennzeichen: Pol 11561

Baujahr: 1922
Zulassung: 28.03.1922
In Dienst: 25.07.1922
Außer Dienst: 1945

Fahrzeughersteller:
Faun Werke Akkuantrieb

Aufbauhersteller:
Faun-Werke

Stationiert auf FW 1

Motor: Elektromotor
Leistung: 20 PS

Länge: 4400 mm
Höhe: 2650 mm
Breite: 2200 mm
Radstand:

Eigengewicht: 4340 kg
Gesamtgewicht: 5090 kg
Vollgummibereifung

1928 Akku-Erneuerung

Letzter Fahrtenbucheintrag
24. Januar 1945
Nach dem Krieg zum
Schrottwert verkauft

Pumpenwagen (historisch)

Pw-1

Kennzeichen: I IN ?

Baujahr: 1914
Zulassung: 27.02.1914
In Dienst:
Außer Dienst: 1936

Fahrzeughersteller:
Opel 3 to

Aufbauhersteller:
Estelmann, Nürnberg

Stationiert auf
Feuerwache Kornmarkt

Motor: Benzin
Leistung: 55/65 PS

Gesamtgewicht: 6170 kg

Pumpe: Schiele
2000l/min
Löschmittel: 450l Wasser

Preis: 22.479.- RM

Sonstiges:
9 Mann Besatzung
1935/36 verschrottet
Vollgummibereifung

Pw-2

Kennzeichen: IIN 18652 Pol11578

Baujahr: 1925
Zulassung: 01.06.1925
In Dienst:
Außer Dienst: 1945

Fahrzeughersteller:
MAN 2,5 to

Aufbauhersteller:
BFN

Stationiert auf FW 1

Motor: 4 Zyl.
Leistung: 55 PS

Gesamtgewicht: 5400 kg

Pumpe: Amag/Hilpert
1 500 l/min
Preis: 28.054.- RM

Sonstiges: als Überlandspritze in Dienst gestellt

Im Krieg abhanden gekommen

Pw-3

Kennzeichen:

Baujahr: 1914
Zulassung: 15.12.1914
In Dienst:
Außer Dienst: 1936

Fahrzeughersteller:
Opel 3 to

Aufbauhersteller:
BFN

Stationiert auf FW 1

Motor: 4 Zyl.
Leistung: 55/65 PS

Gesamtgewicht: 6075 kg

Pumpe: Schiele
2000l/min

Sonstiges:
aus GW - 1 umgebaut
1935-36 verschrottet
Elastikbereifung

Pw-4

Kennzeichen:

Baujahr: 1912
Zulassung: 05.02.1913
In Dienst:
Außer Dienst: 1935

Fahrzeughersteller:
Justus Christian Braun-
Premier-Werke 3 to

Aufbauhersteller:

Stationiert auf FW 2

Motor: 4 Zyl.
Leistung: 50 PS
Dynamo: 32 kW

Gesamtgewicht: 6600 kg

Pumpe: AH 1 200 l/min
Löschmittel: 300l Wasser

Preis: 29.464.- RM

Sonstiges:
Elastikbereifung
9 Mann Besatzung
fahrbare Haspel
Oppen u. Prinzke

Dachstuhlbrand am Lorenzer Platz, 20.Februar 1935

Einleitung Löschfahrzeuge

Eines der vielfältigsten und gebräuchlichsten Feuerwehrfahrzeuge der heutigen Zeit sind die Löschfahrzeuge in ihren verschiedensten Bauarten. Bei der Feuerwehr Nürnberg findet man von der kleinsten Bauart, dem Tragkraftspritzenfahrzeug (TSF), Löschgruppenfahrzeug (LF), Tanklöschfahrzeug (TLF), Trocken-Tanklöschfahrzeug (Tro-TLF), Pulverlöschfahrzeug (PLF) bis zum Hilfeleistungslöschfahrzeug (HLF 20/1 6) eine große Bandbreite.

Alle diese Fahrzeuge entsprechen heute speziellen Normen. Innerhalb dieser Normen werden die Feuerwehrfahrzeuge nach einer Nomenklatur in verschiedene Fahrzeuggruppen eingeteilt. Die Einteilung und die dementsprechende Norm ermöglicht es, eine einheitliche Beschaffungsgrundlage zu bilden. Neben den Allgemeinen Grundanforderungen an Feuerwehrfahrzeuge legen die Normen auch ergänzende und/oder einschränkende typspezifische Anforderungen fest.

Grundanforderungen sind technische Anforderungen (Fahrgestell, Unterboden, Aufbau, Fahrer- und Mannschaftsraum, Geräteraum-Aufbau), Farbgebung, Beschriftung und Kennzeichnung sowie Lösch- und Schaummittelbehälter.

Typspezifische Anforderungen zeigen den Einsatzwert eines Feuerwehrfahrzeuges auf. Dieser Einsatzwert teilt sich in den Technischen Einsatzwert (Fahrgestell, Mannschaftsstärke, Beladung, Art und Menge der Löschmittel) und den Taktischen Einsatzwert (Rahmenbedingungen an der Einsatzstelle) auf.

Tragkraftspritzenfahrzeug (TSF)

Tragkraftspritzenfahrzeug mit Wasser (TSF -W)

Kleinlöschfahrzeug (KLF)

Mittleres Löschfahrzeug (MLF)

Löschgruppenfahrzeug 8 (LF 8) genormt bis 1991

- LF 8 leicht (Gesamtgewicht bis 6 to)
- LF 8 mittel (Gesamtgewicht bis 7,5 to)
- LF 8 schwer (Gesamtgewicht bis 9 to)

Löschgruppenfahrzeug 8 mit Wasser (LF 8/6)

Löschgruppenfahrzeug 10 (LF 10)

Löschgruppenfahrzeug 10 (LF 10/6) genormt 2007 bis 2012

Hilfeleistungslöschgruppenfahrzeug 10 (HLF 10)

Löschgruppenfahrzeug 16 (LF 16) genormt bis 1991

Löschgruppenfahrzeug 16 (LF 16/1 2) genormt von 1991 bis 2005

Löschgruppenfahrzeug 16 mit Tragkraftspritze (LF 16-TS) genormt bis 1998

Löschgruppenfahrzeug 20 (LF 20)

Hilfeleistungslöschfahrzeug 20 (HLF 20)

Löschgruppenfahrzeug 20 für den Katastrophenschutz (LF 20 KatS)

Löschgruppenfahrzeug 24 (LF 24) nur Vornorm

TSF

Kennzeichen: SC - 2037

Baujahr: 1960
Zulassung:
In Dienst:
Außer Dienst: 1973

Fahrzeughersteller:
Ford FK 1250

Aufbauhersteller:
Albert Ziegler, Giengen

Stationiert bei
FF Worzeldorf
Funkrufname:

Motor: 4 Zyl. Reihe Otto
Leistung: 55 PS
Hubraum: 1498 ccm
Drehzahl: 4250

Farbe: RAL 3000

Länge: 4300 mm
Höhe: 1965 mm
Breite: 1740 mm
Radstand: 2300 mm

Eigengewicht:
Gesamtgewicht:

Sonstiges:
Beschafft durch die Gemeinde Worzeldorf
Eingemeindung 1972
Übernahme in den Fahrzeugbestand der Feuerwehr Nürnberg

TSF

Kennzeichen: N - 2496
N - P 557

Baujahr: 1971
Zulassung: 24.03.1972
In Dienst:
Außer Dienst: 09.2004

Fahrzeughersteller:
Ford Typ 81 E 4 SA

Aufbauhersteller:
Gebr.Bachert

Stationiert bei
FF Brunn
Funkrufname: Fl. 119

Motor: 4 Zyl. V Otto
Leistung: 48 kW/ 65 PS
Hubraum: 1688 ccm
Drehzahl: 4800

Farbe: RAL 3000

Länge: 5175 mm
Höhe: 2470 mm
Breite: 2060 mm
Radstand: 2997 mm

Eigengewicht: 1770 kg
Gesamtgewicht: 3000 kg

Pumpe: TS 8/8 B

Sonstiges:
ab 1975 Fl. 19/44/1
ab 1981 FF Höfles
Florian 13/44/1
ab 198? Florian 11/44/1
ab 2004 im Feuerwehr-Museum Nürnberg

TSF

Kennzeichen: N - 2302
FÜ - 264

Baujahr: 1965
Zulassung: 18.02.1965
In Dienst:
Außer Dienst: 05.1986

Fahrzeughersteller:
Ford FK 1250

Aufbauhersteller:
Klöckner-Humboldt-Deutz
Werk Ulm

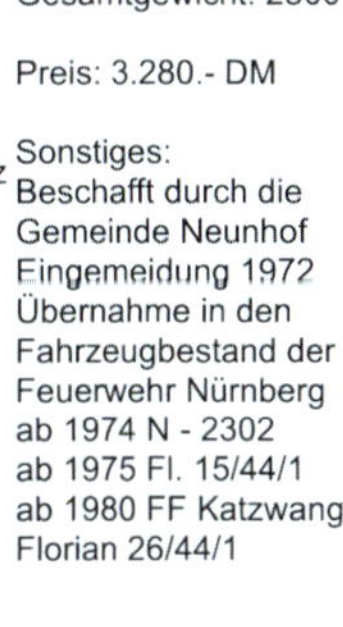

Stationiert bei
FF Neunhof
Funkrufname: Fl. 115

Motor: 4 Zyl.
Leistung: 55 PS
Hubraum: 1487 ccm
Drehzahl: 4250

Farbe: RAL 3000

Länge: 4200 mm
Höhe: 2225 mm
Breite: 1750 mm
Radstand: 2300 mm

Eigengewicht: 1330 kg
Gesamtgewicht: 2500 kg

Preis: 3.280.- DM

Sonstiges:
Beschafft durch die Gemeinde Neunhof
Eingemeidung 1972
Übernahme in den Fahrzeugbestand der Feuerwehr Nürnberg
ab 1974 N - 2302
ab 1975 Fl. 15/44/1
ab 1980 FF Katzwang
Florian 26/44/1

TSF-W

Kennzeichen: N - 2460
Farbe: RAL 3000/9010

Baujahr: 2004
Zulassung:
In Dienst:
Außer Dienst:

Länge: 6290 mm
Höhe: 2660 mm
Breite: 2300 mm
Radstand: 3300 mm

Fahrzeughersteller:
MAN 8.145 LC

Eigengewicht:
Gesamtgewicht: 7490 kg

Aufbauhersteller:
Albert Ziegler, Giengen

Pumpe: TS 8/8
Löschmittel: 750l Wasser

Stationiert bei
FF Höfles
Funkrufname: 11/46/1

Motor: 4 Zyl.
Leistung: 140 PS
Hubraum: 4580 ccm
Drehzahl: 2300

TSF-W

Kennzeichen: N - 20614
Farbe: RAL3000/9010

Baujahr: 2005
Zulassung:
In Dienst:
Außer Dienst:

Länge: 6300 mm
Höhe: 2800 mm
Breite: 2300 mm
Radstand: 3350 mm

Fahrzeughersteller:
MAN 8.145 L-LF

Eigengewicht:
Gesamtgewicht: 4790 kg

Aufbauhersteller:
Albert Ziegler, Giengen
TSF-W Alpas

Pumpe:
TS 8/8 Ultra Power
Ziegler
Löschmittel:1000l Wasser

Stationiert bei
FF Kornburg
Funkrufname: 25/46/1

Motor: 4 Zyl.
Leistung: 140 PS
Hubraum 4580 ccm
Drehzahl: 2300

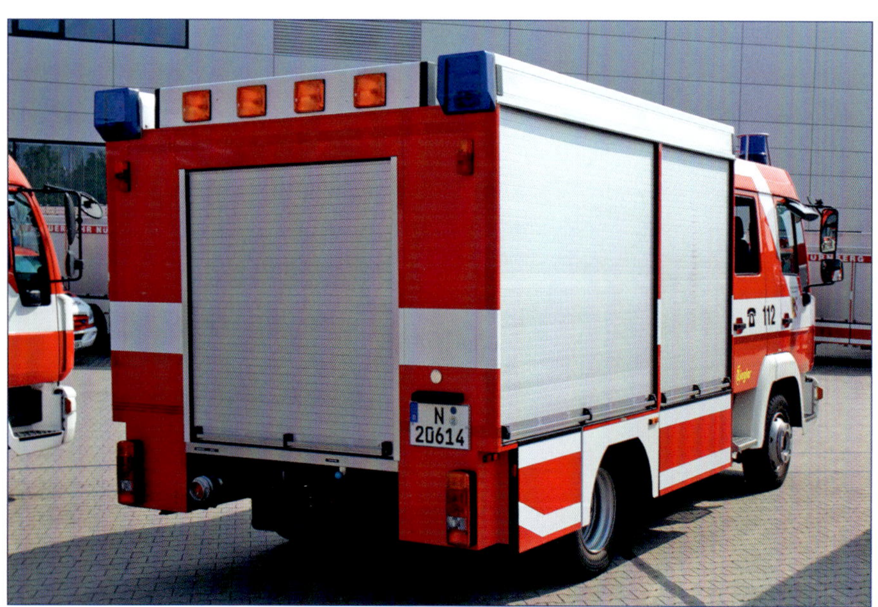

LF 8

Kennzeichen: N - 2286
N - L 62

Baujahr: 1958
Zulassung: 19.05.1958
In Dienst:
Außer Dienst: 09.1974

Fahrzeughersteller:
Opel Blitz 1

Aufbauhersteller:
Klöckner-Humboldt-Deutz
Werk Ulm, Magirus LF8

Stationiert bei
FF Moorenbrunn
Funkrufname: Fl. 123

Motor: 4 Zyl. Otto
Leistung: 55 kW / 75 PS
Hubraum: 2473 ccm

Farbe: RAL 3000

Länge: 5670 mm
Höhe:
Breite: 1940 mm
Radstand: 3300 mm

Eigengewicht: 2150 kg
Gesamtgewicht: 4100 kg

Pumpe: VP KHD
TS 8/8 tragbar

Sonstiges:
Beschafft durch die
Gemeinde Moorenbrunn
Eingemeindung 1972
Übernahme in den
Fahrzeugbestand der
Feuerwehr Nürnberg

LF 8-TS

Kennzeichen: N - 2348
FÜ - 242

Baujahr: 1963
Zulassung: 23.08.1963
In Dienst:
Außer Dienst: 09.1999

Fahrzeughersteller:
Mercedes Benz LF 319 B

Aufbauhersteller:
Gebr.Bachert,
Bad Friedrichshall

Stationiert bei
FF Boxdorf
Funkrufname: Fl. 113

Motor: 4 Zyl.
Leistung: 50kW / 68 PS
Hubraum: 1897 ccm
Drehzahl: 4400

Farbe: RAL 3000

Länge: 5500 mm
Höhe: 2500 mm
Breite: 2080 mm
Radstand: 2850 mm

Eigengewicht:
Gesamtgewicht: 4350 kg

Pumpe: FP 8/8 B, tragbar
mit Vorbaupumpe

Preis: 26.999.- DM
Sonstiges:
ab 1975 Fl 13/42/1
Beschafft durch die
Gemeinde Boxdorf
Eingemeindung 1972
Übernahme in den
Fahrzeugbestand der
Feuerwehr Nürnberg

LF 8-TS

Kennzeichen: N - 2509
N - K 936

Baujahr: 1963
Zulassung: 24.02.1964
In Dienst: 25.05.1972
Außer Dienst: 04.1985

Fahrzeughersteller:
Faun F 24 DL/F Motor

Aufbauhersteller:
Klöckner-Humboldt-Deutz
Werk Ulm, Magirus LF 8

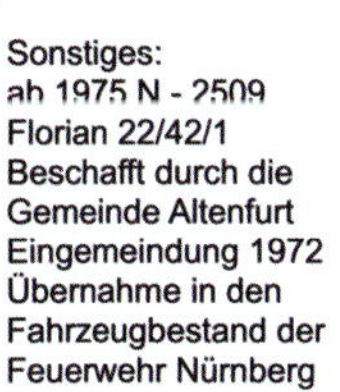

Stationiert bei
FF Altenfurt
Funkrufname: Fl. 122

Motor: KHD F42-712
Leistung: 64 PS
Hubraum: 3400 ccm
Drehzahl: 2800

Farbe: RAL 3000

Länge: 5500 mm
Höhe: 2650 mm
Breite: 2200 mm
Radstand: 3200 mm

Eigengewicht: 3200 kg
Gesamtgewicht: 5280 kg

Pumpe: KHD TS 8/8

Preis: 34.516.- DM

Sonstiges:
ab 1975 N - 2509
Florian 22/42/1
Beschafft durch die
Gemeinde Altenfurt
Eingemeindung 1972
Übernahme in den
Fahrzeugbestand der
Feuerwehr Nürnberg

LF 8-TS

Kennzeichen: N - 2252
FÜ - 212

Baujahr: 1965
Zulassung: 11.10.1965
In Dienst:
Außer Dienst: 02.1994

Fahrzeughersteller:
Daimler Benz AG LF 408

Aufbauhersteller:
Carl Metz, Karlsruhe

Stationiert bei
FF Großgründlach
Funkrufname: Fl. 112

Motor: DB MX121X
4 Zyl. Otto
Leistung: 80 PS
Hubraum: 1988 ccm
Drehzahl: 5000

Farbe: RAL 3000

Länge: 5800 mm
Höhe: 2500 mm
Breite: 2100 mm
Radstand: 2850 mm

Eigengewicht: 2480 kg
Gesamtgewicht: 4350 kg

Pumpe: FP8/8 Vorbau
TS 8/8 tragbar

Sonstiges:
ab 1973 N - 2252
ab 1975 Florian 12/42/1
Beschafft durch die Gemeinde Großgründlach
Eingemeindung 1972
Übernahme in den Fahrzeugbestand der Feuerwehr Nürnberg

LF 8

Kennzeichen: N - 2220
SC - 2075

Baujahr: 1967
Zulassung: 31.08.1967
In Dienst:
Außer Dienst: 06.1996

Fahrzeughersteller:
Opel Blitz 2.1 A

Aufbauhersteller:
Klöckner-Humboldt-Deutz
Werk Ulm, Magirus LF8

Stationiert bei
FF Kornburg
Funkrufname: Fl. 125

Motor: 4 Zyl. Otto
Leistung: 51 kW
Hubraum: 2600 ccm
Drehzahl:

Farbe: RAL 3000

Länge:
Höhe:
Breite:
Radstand:

Eigengewicht:
Gesamtgewicht:

Pumpe: FP8/8 M
TS 8/8 tragbar

Sonstiges:
ab 1975 Fl. 25/42/1
ab 1989 FW 4 Reserve

Beschafft durch die Gemeinde Kornburg
Eingemeindung 1972
Übernahme in den Fahrzeugbestand der Feuerwehr Nürnberg

LF 8-TS

Kennzeichen: N - 2356

Baujahr: 1964
Zulassung: 17.07.1964
In Dienst: 09.1964
Außer Dienst: 12.2005

Fahrzeughersteller:
Mercedes Benz LF 407

Aufbauhersteller:
Carl Metz, Karlsruhe

Stationiert bei
FF Laufamholz
Funkrufname:

Motor: 4 Zyl. Otto
Leistung: 50 kW / 68 PS
Hubraum: 1884 ccm
Drehzahl: 4400

Farbe: RAL 3000

Länge: 5030 mm
Höhe: 2500 mm
Breite: 2080 mm
Radstand: 2850 mm

Eigengewicht:
Gesamtgewicht: 4350 kg

Pumpe: TS8/8M
Sonstiges:
ab 1969 FF Eibach
ab 1984 FF Altenfurt
ab 1993 FF Fischbach

Baugleich:
N - 2310; LF 8 - TS
(FF Gleißhammer)
N - 2952; LF 8 - TS
(FF Zabo)
N - 2309; LF 8 - TS
(FF Almoshof)

LF 8/6

Kennzeichen: N - 2234

Baujahr: 2001
Zulassung: 14.02.2002
In Dienst:
Außer Dienst:

Fahrzeughersteller:
MAN 8.184 LC LE180 C L 2000

Aufbauhersteller:
Albert Ziegler, Giengen

Stationiert bei
FF Brunn
Funkrufname: 19/47/1

Motor: 4 Zyl.
Leistung: 132kW/180PS
Hubraum: 4580 ccm
Drehzahl: 2400

Farbe: RAL 3000/9010

Länge: 6750 mm
Höhe: 3040 mm
Breite: 2500 mm
Radstand: 3100 mm

Eigengewicht: 5100 kg
Gesamtgewicht: 8400 kg

Pumpe: Ziegler FP 8/8
TS 8/8

Löschmittel: 600 l Wasser

Sonstiges: Blitzblaulichter hinten im Aufbau
Lichtmast ausziehbar

LF 10/6

Kennzeichen: N - 2484

Baujahr: 2004
Zulassung:
In Dienst: 25.09.2004
Außer Dienst:

Fahrzeughersteller:
MAN 8.185 LE-LF

Aufbauhersteller:
Albert Ziegler, Giengen

Stationiert bei
FF Eibach
Funkrufname: 29/48/1

Motor: 4 Zyl.
Leistung: 180 PS
Hubraum: 4580 ccm
Drehzahl: 2400

Farbe: RAL 3000/9010

Länge:
Höhe:
Breite:
Radstand:

Eigengewicht:
Gesamtgewicht:

Pumpe:
Löschmittel: 800l Wasser

Sonstiges:
Mit Hilfeleistungssatz,

Baugleich
N - 2481; LF 10/6
(FF Altenfurt)
Fl. 22/43/1

LF 10/6

Kennzeichen: N - 20613

Baujahr: 2005
Zulassung: 10.05.2006
In Dienst: 01.06.2006
Außer Dienst:

Fahrzeughersteller:
MAN 8.180 LE-LF 4x2 BB (L 2000)

Aufbauhersteller:
Albert Ziegler, Giengen

Stationiert bei
FF Gartenstadt
Funkrufname: 27/47/1

Motor: 4 Zyl.
Leistung: 180 PS
Hubraum: 4580 ccm
Drehzahl: 2400

Farbe: RAL 3000/9010

Länge: 6600 mm
Höhe: 3050 mm
Breite: 2500 mm
Radstand: 3350 mm

Eigengewicht: 5600 kg
Gesamtgewicht:12100 kg

Pumpe: FPN 10-1000
Löschmittel: 950l Wasser

Sonstiges: Lichtmast

Baugleich
N - 20612; LF 10/6
(FF Katzwang)
Fl. 26/42/1

LF 10/6

Kennzeichen: N - FW 473 Farbe: RAL 3000/9010

Baujahr: 2009
Zulassung:
In Dienst: 20.05.2010
Außer Dienst:

Fahrzeughersteller:
MAN TGL 10.210 4x2
BB 151

Aufbauhersteller:
Albert Ziegler, Giengen
Alpas-Aufbau

Stationiert bei
FF Boxdorf
Funkrufname: 13/47/1

Motor: 4 Zyl.
Leistung: 206 PS
Hubraum: 4580 ccm
Drehzahl: 2400

Länge:
Höhe:
Breite:
Radstand: 3600 mm

Eigengewicht:
Gesamtgewicht:10800 kg

Pumpe: FPN 10-1000
Löschmittel:1200l Wasser

Sonstiges:

Baugleich
N - FW 474; LF 10/6
(FF Buch)
Fl. 14/43/1

LF 10/6

Kennzeichen: N - FW 616 Farbe: RAL 3000/9010

Baujahr: 2011
Zulassung:
In Dienst: 2011
Außer Dienst:

Fahrzeughersteller:
MAN TGL 10.210 4X2 BB

Aufbauhersteller:
Albert Ziegler, Giengen

Stationiert bei
FF Almoshof
Funkrufname: 16/43/1

Motor: 4 Zyl.Common
Leistung: 206 PS
Hubraum: 4580 ccm
Drehzahl: 2400

Länge: 6900 mm
Höhe: 3200 mm
Breite: 2500 mm
Radstand: 3600 mm

Eigengewicht: 6640 kg
Gesamtgewicht:10800 kg

Pumpe: FPN 10-1000-1H
Löschmitte: 1200l Wasser

Preis: 225.000 €

Baugleich:
N - FW 723; LF 10/6
(FF Moorenbrunn)
Fl. 23/43/1

LF 10

Kennzeichen: N-FW 2443 Farbe: RAL 3000/9010

Baujahr: 2016
Zulassung:
In Dienst:
Außer Dienst:

Fahrzeughersteller:
MAN TGL 12.220

Aufbauhersteller:
Albert Ziegler, Giengen

Stationiert bei
FF Worzeldorf
Funkrufname: 28/43/1

Motor: 4 Zyl.
Leistung: 220 PS
Hubraum: 4580 ccm
Drehzahl: 2400

Länge: 6920 mm
Höhe: 3200 mm
Breite: 2500 mm
Radstand: 3600 mm

Eigengewicht:
Gesamtgewicht:11990 kg

Pumpe: FPN 10-2000
Löschmitte: 1600l Wasser

Baugleich:
N - FW 2843; LF 10
(FF Werderau)
Fl. 24/43/1

HLF 10/6

Kennzeichen:
N - FW 415; FF Neunhof
Florian 15/42/1

N - FW 117; FF Buchenbühl
Florian 17/42/1

N - FW 312; FF Großgründlach
Florian 12/42/1

N - FW 218; FF Laufamholz
Florian 18/42/1

N - FW 521; FF Fischbach
Florian 21/42/1

Baujahr: 2011
Zulassung:
In Dienst:
Außer Dienst:

Fahrzeughersteller:
MAN TGL 10.210 4X2 BB

Aufbauhersteller:
Albert Ziegler, Giengen

Motor: 4 Zyl.
Common Rail
Diesel
EURO 5
Leistung: 206 PS
Hubraum: 4580 ccm
Drehzahl: 2400

Farbe: RAL 3000/9010

Länge: 6900 mm
Höhe: 3200 mm
Breite: 2500 mm
Radstand: 3600 mm

Eigengewicht: 6640 kg
Gesamtgewicht:10800 kg

Pumpe: FPN 10-1000-1H
Löschmittel:1200l Wasser

Preis: 255.000.- €

Sonstiges:
Hydraulik Rettungssatz
Notstromaggregat

Hilfeleistungslöschgruppenfahrzeug (HLF 10/6)

KS

Kennzeichen: IIN 18651
Pol 11574

Baujahr: 1935
Zulassung: 25.07.1935
Außer Dienst: 01.1945

Fahrzeughersteller:
Daimler Benz LoD 3500

Aufbauhersteller:
Carl Metz, Karlsruhe

Stationiert auf
Feuerwache Kornmarkt
Funkrufname:

Motor: 6 Zyl. Diesel
OM 67
Leistung: 95 PS
Hubraum: 7360 ccm
Drehzahl:

Farbe:

Länge: 8000 mm
Höhe: 2700 mm
Breite: 2170 mm
Radstand:

Eigengewicht: 6200 kg
Gesamtgewicht: 9000 kg

Pumpe: 1500 l / min

Preis: 24.400.- RM

Sonstiges:
KS - 1, LF 15 - 1

Beim Luftangriff am
2. Januar 1945 verbrannt

KS

Kennzeichen: N - 2590
AB 777 787
IIN 18653
Pol 11575
BY 699411
Baujahr: 1935
Zulassung: 15.08.1935
Außer Dienst: 12.1963

Fahrzeughersteller:
Daimler Benz LoD 3500

Aufbauhersteller:
Carl Metz, Karlsruhe

Stationiert auf FW 1
Funkrufname:

Motor: 6 Zyl Diesel
OM 67
Leistung: 95 PS
Hubraum: 7360 ccm
Drehzahl:

Farbe: RAL 3000

Länge: 8000 mm
Höhe: 2700 mm
Breite: 2170 mm
Radstand:

Eigengewicht: 6200 kg
Gesamtgewicht: 9000 kg

Pumpe: 1500 l / min

Preis: 24.500.- RM

Sonstiges:
KS - 3, LF 15 - 3

ab 07.08.1936 KS - 2
ab 1945 FW 1; KS - 1
ca 1950 FW 3; LF 15 - 3
ab 1956 FW 2; LF 15 - 4
ab 1958 FF Gleißhammer

KS

Kennzeichen: N - 2588
AB 777 779
IIN 18655
Pol 11576
BY 699425
Baujahr: 1936
Zulassung: 29.07.1936
Außer Dienst: 04.1962

Fahrzeughersteller:
Daimler Benz LoD 3750

Aufbauhersteller:
Carl Metz, Karlsruhe

Stationiert auf FW 1
Funkrufname:

Motor: 6 Zyl Diesel
OM 67/3
Leistung: 100 PS
Hubraum: 7360 ccm
Drehzahl:

Farbe: RAL 3000

Länge: 8100 mm
Höhe: 2650 mm
Breite: 2180 mm
Radstand:

Eigengewicht: 6420 kg
Gesamtgewicht:10000 kg

Pumpe: 1500 l/ min AH

Preis: 25.228.- RM

Sonstiges:
KS - 3; LF 15 - 3

ab 02.1958 LF 15 - 2
Fahrschulwagen

Löschgruppenfahrzeuge 16

LF 16

Kennzeichen: N - 2589
Farbe: RAL 3000

Baujahr: 1956
Zulassung: 21.06.1957
In Dienst:
Außer Dienst: 1979

Länge: 8000 mm
Höhe: 2750 mm
Breite: 2400 mm
Radstand: 4200 mm

Fahrzeughersteller:
MAN 400 L1

Eigengewicht:
Gesamtgewicht: 9450 kg

Aufbauhersteller:
Carl Metz, Karlsruhe

Pumpe: FP 16/8
Amag-Hilpert
Löschmittel:1600l Wasser

Stationiert auf FW 1
Funkrufname: Fl. 21

Sonstiges:
LF 16 - 1

Motor: 6 Zyl. Diesel
Leistung: 100 PS
Hubraum: 5211 ccm
Drehzahl: 2700

ab 1962 FW 1; LF 16/2
ab 1965 LF 16 - 4
ab 1970 FF Buch
ab 1973 Fl. 114
ab 1975 Fl. 14/40/1

LF 16

Kennzeichen: N - 2643
Farbe: RAL 3000

Baujahr: 1956
Zulassung: 21.06.1957
In Dienst:
Außer Dienst: 1974

Länge: 8000 mm
Höhe: 2750 mm
Breite: 2400 mm
Radstand: 4200 mm

Fahrzeughersteller:
MAN 400 L1

Eigengewicht:
Gesamtgewicht: 9450 kg

Aufbauhersteller:
Carl Metz, Karlsruhe

Pumpe: FP 16/8
Amag-Hilpert
Löschmittel:1600l Wasser

Stationiert auf FW 3
Funkrufname: Fl. 23

Sonstiges:
LF 16 - 3

Motor: 6 Zyl. Diesel
Leistung: 100 PS
Hubraum: 5211 ccm
Drehzahl: 2700

ab 1965 FW 1; LF 16 - 5
ab 1973 FW 1; LF 16 - 6

LF 16

Kennzeichen: N - 2702
Farbe: RAL 3000

Baujahr: 1958
Zulassung: 29.09.1958
In Dienst: 10.10.1958
Außer Dienst: 1983

Länge:
Höhe:
Breite:
Radstand:

Fahrzeughersteller:
MAN 415 L1

Eigengewicht: 6220 kg
Gesamtgewicht:10200 kg

Aufbauhersteller:
Carl Metz, Karlsruhe

Pumpe: FP 16/8 M
Löschmittel:1600l Wasser

Stationiert auf FW 2
Funkrufname: Fl. 24

Sonstiges:
LF 16 - 3

ab 1969 FW 1; LF 16 - 6
ab 1970 LF 16 - 4
ab 1973 LF 16 - 5
ab 1975 FF Fischbach

Motor: 6 Zyl. Diesel
Leistung: 115 PS
Hubraum: 5891 ccm
Drehzahl: 2500

LF 16

Kennzeichen: N - 2181
Baujahr: 1962
Zulassung: 01.10.1962
In Dienst:
Außer Dienst: 06.1984

Fahrzeughersteller:
MAN 635 L1A

Aufbauhersteller:
Carl Metz, Karlsruhe

Stationiert auf FW 1
Funkrufname: Fl. 21

Motor: 6 Zyl. Diesel
Leistung: 145 PS
Hubraum: 7030 ccm
Drehzahl: 2500

Farbe: RAL 3000

Länge: 7970 mm
Höhe: 2900 mm
Breite: 2320 mm
Radstand: 4200 mm

Eigengewicht:
Gesamtgewicht:10500 kg

Pumpe: FPH 16/8 M
Löschmittel:1600l Wasser

Preis: 62.000,- DM

Sonstiges:
LF 16 - 1
ab 1973 FW 1; LF 16 - 4
Florian Fl. 24
ab 1975 Fl. 1/40/2
ab 1978 FF Neunhof
Forian 15/40/1

LF 16

Kennzeichen: N - 2479
Baujahr: 1965
Zulassung: 03.01.1966
In Dienst:
Außer Dienst: 05.1989

Fahrzeughersteller:
MAN 635 HA

Aufbauhersteller:
Carl Metz, Karlsruhe

Stationiert auf FW 3
Funkrufname: Fl. 23

Motor: 6 Zyl. Diesel
Typ D0836M2
Leistung: 150 PS
Hubraum: 7030 ccm
Drehzahl: 2500

Farbe: RAL 3000

Länge:
Höhe:
Breite:
Radstand: 4200 mm

Eigengewicht: 7485 kg
Gesamtgewicht:11500 kg

Pumpe: FPH 16/8 II M
Löschmittel:1600l Wasser

Sonstiges:
LF 16 - 3
ab 1975 FW 1; Fl. 1/40/2
ab 1977 Fl. 1/40/3
ab 1978 FW 3; Fl. 3/40/1
ab 1979 FW 4; LF 9
Florian 4/40/3
ab 1984 FF Neunhof
Florian 15/40/1

LF 16

Kennzeichen: N - 2205
Baujahr: 1969
Zulassung: 16.12.1969
In Dienst: 22.12.1969
Außer Dienst: 02.1995

Fahrzeughersteller:
MAN 450 HA.LF

Aufbauhersteller:
Carl Metz, Karlsruhe

Stationiert auf FW 2
Funkrufname: Fl. 22

Motor: 6 Zyl Diesel
D0836HM70
Leistung: 156 PS
Hubraum: 6987 ccm
Drehzahl: 2500

Farbe: RAL 3000

Länge: 7910 mm
Höhe: 2850 mm
Breite: 2300 mm
Radstand: 4200 mm

Eigengewicht: 6860 kg
Gesamtgewicht: 11400 kg

Pumpe: FPH 16/8 II
Löschmittel:1600l Wasser

Preis: 100.000.- DM

Sonstiges:
LF 16/12 - 3/1 Straße

ab 1975 LF 2/40/?
ab 1979 FF Buch
Florian 14/40/1

LF 16

Kennzeichen: N - 2268

Baujahr: 1973
Zulassung: 18.09.1973
In Dienst:
Außer Dienst: 2004

Fahrzeughersteller:
MAN 11.168 HA. LF

Aufbauhersteller:
Carl Metz, Karlsruhe

Stanioniert auf FW 1
Funkrufname: Fl. 21

Motor: 6 Zyl. Diesel
Leistung: 168 PS
Hubraum: 7252 ccm
Drehzahl: 2500

Farbe: RAL 3024

Länge: 7400 mm
Höhe: 3030 mm
Breite: 2400 mm
Radstand: 4100 mm

Eigengewicht:
Gesamtgewicht: 11000 kg

Pumpe: FP 16/8 M
Löschmittel:1600l Wasser

Sonstiges:
LF 16 - 1

ab 1975 Fl. 1/40/1
ab 1979 FW 3; Fl. 3/40/3
ab 1989 FF Kornburg
Florian 25/40/1

LF 16

Kennzeichen: N - 2277

Baujahr: 1974
Zulassung: 16.12.1974
In Dienst:
Außer Dienst: 05.1992

Fahrzeughersteller:
MAN 11.168 HA.LF

Aufbauhersteller:
Carl Metz, Karlsruhe

Stationiert auf FW 2
Funkrufname: 2/40/1

Motor: 6 Zyl. Diesel
Leistung: 168 PS
Hubraum: 7207 ccm
Drehzahl: 2500

Farbe: RAL 3024

Länge: 7400 mm
Höhe: 3120 mm
Breite: 2450 mm
Radstand: 4100 mm

Eigengewicht: 7300 kg
Gesamtgewicht: 11000 kg

Pumpe: FPH 16/8 M
Löschmittel:1600l Wasser

Preis: 213.000.- DM

Sonstiges:
LF 16 - 2
ab1979 FW 4; LF 6
Florian 4/40/2
ab 1983 FW 1; LF 16 - 5
Florian 1/40/2
ab 1985 FF Brunn
Florian 19/40/1

LF 16

Kennzeichen: N - 2274

Baujahr: 1974
Zulassung: 16.12.1974
In Dienst:
Außer Dienst: 08.1994

Fahrzeughersteller:
MAN 11.168 HA.LF

Aufbauhersteller:
Carl Metz, Karlsruhe

Stationiert auf FW 3
Funkrufname: 3/40/1

Motor: 6 Zyl.Diesel
Leistung: 168 PS
Hubraum: 7207 ccm
Drehzahl: 2500

Farbe: RAL 3024

Länge: 7400 mm
Höhe: 3120 mm
Breite: 2450 mm
Radstand: 4100 mm

Eigengewicht: 7300 kg
Gesamtgewicht: 11000 kg

Pumpe: FPH 16/8 M
Löschmittel:1600l Wasser

Sonstiges:
LF 16 - 3
ab 1977 FW 4; Fl. 4/40/1
ab 1979 FW 1; LF 16 - 5
Florian 1/40/2
ab 1983 FW 4; LF 16 - 6
Florian 4/40/2
ab 1985 FF Eibach
Florian 29/40/1

LF 16

Kennzeichen: N - 2856
Baujahr: 1979
Zulassung: 25.10.1979
In Dienst:
Außer Dienst: 07.2006

Fahrzeughersteller:
MAN 11.168 HA.LF

Aufbauhersteller:
Gebr. Bachert

Stationiert auf FW 3
Funkrufname: 3/40/1

Motor: 6 Zyl. Diesel
Leistung: 124kW/169PS
Hubraum: 9445 ccm
Drehzahl: 2650

Farbe: RAL 3024
ab 1993 RAL 3000

Länge:
Höhe: 3400 mm
Breite: 2500 mm
Radstand:

Eigengewicht: 7450 kg
Gesamtgewicht: 11500 kg

Pumpe:
Löschmittel:1600l Wasser

Sonstiges:
LF 16 - 3
ab 1986 FW 4; Fl. 4/40/2
ab 1993 FF Brunn
Florian 19/40/1
ab 2002 FW4; Fl. 4/40/6
ab 2002 FF Gartenstadt
Florian 27/40/1

LF 16

Kennzeichen: N - 2978
Baujahr: 1978
Zulassung: 15.02.1979
In Dienst:
Außer Dienst: 05.2006

Fahrzeughersteller:
MAN 11.192 HA.LF

Aufbauhersteller:
Carl Metz, Karlsruhe

Stationiert auf FW 4
Funkrufname: 4/40/1

Motor: 5 Zyl. Diesel
Leistung: 192 PS
Hubraum: 9445 ccm
Drehzahl: 2650

Farbe: RAL 3024

Länge:
Höhe:
Breite:
Radstand: 4100 mm

Eigengewicht:
Gesamtgewicht:

Pumpe:
Löschmittel:

Sonstiges:
LF 16 - 4

ab 1983 FW 4; LF 9
Florian 4/40/3
ab 1993 FF Katzwang
Florian 26/40/1

LF 16

Kennzeichen: N - 2979
Baujahr: 1978
Zulassung: 15.02.1979
In Dienst:
Außer Dienst: 2012

Fahrzeughersteller:
MAN 11.192 HA.LF

Aufbauhersteller:
Carl Metz, Karlsruhe

Stationiert auf FW 1
Funkrufname: 1/40/1

Motor: 5 Zyl. Diesel
Leistung: 192 PS
Hubraum: 9445 ccm
Drehzahl: 2650

Farbe: RAL 3024

Länge:
Höhe:
Breite:
Radstand: 4100 mm

Eigengewicht:
Gesamtgewicht:

Pumpe: FP16/8M
Löschmittel:1600l Wasser

Sonstiges:
LF 16 1

ab 1989 FF Neunhof
Florian 15/40/1
ab 2005 FW Reserve
Florian 4/40/6
ab 2008 FF Großgründlach Florian 12/40/1

LF 16

Kennzeichen: N - 2954

Baujahr: 1979
Zulassung: 25.09.1979
In Dienst:
Außer Dienst: 2012

Fahrzeughersteller:
MAN 11.192 HA.LF

Aufbauhersteller:
Carl Metz, Karlsruhe

Stationiert auf FW 2
Funkrufname: 2/40/1

Motor: 5 Zyl. Diesel
Leistung: 192 PS
Hubraum: 9445 ccm
Drehzahl: 2650

Farbe: RAL 3024
ab 199? RAL 3000

Länge:
Höhe:
Breite:
Radstand: 4100 mm

Eigengewicht:
Gesamtgewicht:

Pumpe: FP16/8M
Löschmittel:1600l Wasser

Sonstiges:
LF 16 - 2

ab 1985 FW 1; Fl. 1/40/2
ab 1993 FF Altenfurt
Florian 22/40/1
ab 2004 FF Almoshof
Florian 16/40/1

LF 16

Kennzeichen: N - 2020

Baujahr: 1980
Zulassung: 25.03.1981
In Dienst:
Außer Dienst: 09.2010

Fahrzeughersteller:
MAN 11.192 HA.LF

Aufbauhersteller:
Gebr.Bachert

Stationiert auf FW 3
Funkrufname: 3/40/3

Motor: 5 Zyl. Diesel
Leistung: 192 PS
Hubraum: 9445 ccm
Drehzahl: 2650

Farbe: RAL 3024

Länge:
Höhe:
Breite:
Radstand:

Eigengewicht:
Gesamtgewicht:

Pumpe: FP16/8 B
Löschmittel:1600l Wasser

Sonstiges:
LF 16 - 7
mit Fahrschuleinrichtung

ab 1994 FF Großgründlach Florian 12/40/1
ab 2000 FF Boxdorf
Florian 13/40/1

LF 16

Kennzeichen: N - 2413

Baujahr: 1983
Zulassung: 03.02.1984
In Dienst:
Außer Dienst: 2012

Fahrzeughersteller:
MAN 11.192 HA.LF

Aufbauhersteller:
Carl Metz, Karlsruhe

Stationiert auf FW 4
Funkrufname: 4/40/1

Motor: 5 Zyl. Diesel
Leistung: 192 PS
Hubraum: 9445 ccm
Drehzahl: 2650

Farbe: RAL 3024

Länge:
Höhe:
Breite:
Radstand:

Eigengewicht:
Gesamtgewicht:

Pumpe:
Löschmittel:

Sonstiges:
LF 16 - 4

ab 1992 FW 4; LF 6
Florian 4/40/2
ab 1994 FF Eibach
Florian 29/40/1
ab 2005 FF Moorenbrunn
Florian 23/40/1

LF 16

Kennzeichen: N - 2179

Baujahr: 1984
Zulassung: 22.01.1985
In Dienst:
Außer Dienst: 07.2008

Fahrzeughersteller:
MAN 11.192 HA.LF

Aufbauhersteller:
Gebr. Bachert

Stationiert auf FW 3
Funkrufname: 3/40/1

Motor: 5 Zyl. Diesel
Leistung: 192 PS
Hubraum: 9445 ccm
Drehzahl: 2650

Farbe: RAL 3024

Länge: 7300 mm
Höhe: 3000 mm
Breite: 2500 mm
Radstand:

Eigengewicht:
Gesamtgewicht:12000 kg

Pumpe: FP16/8 B
Löschmittel:1600l Wasser

Sonstiges:
LF 16 - 3
ab 1993 FW 4; LF - 8
Florian 4/40/3
ab 1996 LF 4/3 Fl. 4/40/3
ab 2004 FF Kornburg
Florian 25/40/1
ab 2005 FF Großgründ-
lach Florian 12/40/1

LF 16

Kennzeichen: N - 2261

Baujahr: 1984
Zulassung: 22.01.1985
In Dienst:
Außer Dienst: 2012

Fahrzeughersteller:
MAN 11.192 HA.LF

Aufbauhersteller:
Gebr. Bachert

Stationiert auf FW 2
Funkrufname: 2/40/1

Motor: 5 Zyl. Diesel
Leistung: 192 PS
Hubraum: 9445 ccm
Drehzahl: 2650

Farbe: RAL 3024

Länge: 7300 mm
Höhe: 3000 mm
Breite: 2500 mm
Radstand:

Eigengewicht:
Gesamtgewicht:12000 kg

Pumpe: FP16/8 B
Löschmittel:1600l Wasser

Sonstiges:
LF 16 - 2
ab 1993 FW 4; LF 9
Florian 4/40/4
ab 1995 FF Buch
Florian 14/40/1
ab 2010 FW 4; LF 4/6
Florian 4/40/6

LF 16

Kennzeichen: N - 2308

Baujahr: 1988
Zulassung: 10.11.1988
In Dienst:
Außer Dienst:

Fahrzeughersteller:
MAN 12.192 FA

Aufbauhersteller:
Albert Ziegler, Giengen

Stationiert auf FW 1
Funkrufname: 1/40/1

Motor: 6 Zyl. Diesel
Leistung: 190 PS
Hubraum: 5648 ccm
Drehzahl: 2300

Farbe: RAL 3024

Länge: 7030 mm
Höhe: 3100 mm
Breite: 2500 mm
Radstand: 3600 mm

Eigengewicht: 7520 kg
Gesamtgewicht:12000 kg

Pumpe: FP 16/8 Z
Löschmittel:1600l Wasser

Sonstiges:
LF 16 - 1

ab 1993 FW 1; LF 5
Florian 1/40/2
ab 1996 LF 1/3
Florian 1/40/3
ab 2005 FF Neunhof
Florian 15/40/1

LF 16

Kennzeichen: N - 20045
N - AY 866

Farbe: RAL 3024
ab 2005 RAL 3000/9010

Baujahr: 1988
Zulassung: 22.03.1989
In Dienst:
Außer Dienst: 2015

Länge: 7200 mm
Höhe: 3150 mm
Breite: 2500 mm
Radstand:

Fahrzeughersteller:
Mercedes Benz 1222 AF

Eigengewicht: 8060 kg
Gesamtgewicht: 12000 kg

Aufbauhersteller:
Carl Metz, Karlsruhe

Pumpe: FP16/8M
Löschmittel: 1540l Wasser
120l Schaummittel

Stationiert auf FW 3
Funkrufname: 3/40/1

Motor: 6 Zyl. Diesel
Leistung: 159 kW
Hubraum: 10888 ccm
Drehzahl:

Sonstiges:
LF 16 - 3
1 Jahr lang Probefahrzeug v. MB
ab 1993 LF 7; Fl. 3/40/2
ab 1996 LF 4/5; Fl. 4/40/5
ab 2005 FF Worzeldorf
Florian 24/40/1

LF 16/12

Kennzeichen: N - 20333

Farbe: RAL 3000/9010

Baujahr: 1993
Zulassung: 26.07.1993
In Dienst:
Außer Dienst: 2017

Länge: 7400 mm
Höhe: 3200 mm
Breite: 2500 mm
Radstand: 3625 mm

Fahrzeughersteller:
MAN 12.232 FA M07

Eigengewicht:
Gesamtgewicht: 13500 kg

Aufbauhersteller:
GFT

Pumpe: FP16/8 GFT
Löschmittel: 1600l Wasser

Stationiert auf FW 1
Funkrufname: 1/40/1

Motor: 6 Zyl.
Leistung: 230 PS
Hubraum: 6871 ccm
Drehzahl: 2200

Sonstiges:
LF 16/12 - 1
ab 1996 LF 1/2; Fl. 1/40/2
ab 2004 LF 4/6; Fl. 4/40/6
ab 2004 LF 5/3; Fl. 5/40/3

Baugleich:
N - 20338; LF 16/12 - 2
N - 20341; LF 16/12 - 3

LF 16/12

Kennzeichen: N - 20208
Baujahr: 1992
Zulassung: 01.07.1992
In Dienst:
Außer Dienst:

Fahrzeughersteller:
MAN 12.232 FA M07

Aufbauhersteller:
GFT

Stationiert auf FW 4
Funkrufname: 4/40/1

Motor: 6 Zyl.
Leistung: 230 PS
Hubraum: 6871 ccm
Drehzahl: 2200

Farbe: RAL 3024
ab 2004 RAL 3000/9010

Länge: 7500 mm
Höhe: 3200 mm
Breite: 2500 mm
Radstand:

Eigengewicht:
Gesamtgewicht: 12000 kg

Pumpe: FP16/8 HD
Löschmittel: 1600l Wasser

Sonstiges:
LF 16/12 - 4

ab 1994 LF 9; 4/40/4
ab 1996 LF 4/4
ab 2004 FF Fischbach
Florian 21/40/1

LF 16/12

Kennzeichen: N - 20423
Baujahr: 1994
Zulassung: 21.06.1994
In Dienst:
Außer Dienst: 2018

Fahrzeughersteller:
Mercedes Benz 1224 AF

Aufbauhersteller:
GFT

Stationiert auf FW 4
Funkrufname: 4/40/4

Motor: 6 Zyl. Reihe
Leistung: 240 PS
Hubraum: 5958 ccm
Drehzahl: 2600

Farbe: RAL 3000/9010

Länge: 7400 mm
Höhe: 3200 mm
Breite: 2500 mm
Radstand: 3600 mm

Eigengewicht: 8250 kg
Gesamtgewicht: 13500 kg

Pumpe: FP16/8 GFT
Löschmittel: 1600l Wasser

Sonstiges:
LF 16/12 - 4

ab 1996 LF 2/3; Fl. 2/40/3
ab 1996 FW 3; LF 3/2
ab 2004 FW 5; LF 5/2
Florian 5/40/2

Baugleich:
N - 20424; LF 16/12 - 6

LF 16/12

Kennzeichen: N - 20601

Baujahr: 1995
Zulassung: 22.01.1996
In Dienst: 07.05.1996
Außer Dienst:

Fahrzeughersteller:
MAN 12.222 FL M02

Aufbauhersteller:
Albert Ziegler, Giengen

Stationiert auf FW 1
Funkrufname: 1/40/1

Motor: 6 Zyl.
Leistung: 162 kW
Hubraum: 6871 ccm
Drehzahl: 2400

Farbe: RAL 3000/9010

Länge: 7850 mm
Höhe: 3050 mm
Breite: 2500 mm
Radstand: 3750 mm

Eigengewicht: 8050 kg
Gesamtgewicht:13000 kg

Pumpe: FP16/8Z
Löschmittel:1600l Wasser

Sonstiges:
LF 16/ 12 - 1
ab 2004 LF 1/2 Fl 1/40/2

Baugleich:
N - 20602; LF 16/12 - 2/1
N - 20603; LF 16/12 - 3/1
N - 20604; LF 16/12 - 4/1
ab 2003 alle Reserve

LF 16/12

Kennzeichen: N - 2464

Baujahr: 2003
Zulassung: 03.2004
In Dienst: 27.07.2004
Außer Dienst:

Fahrzeughersteller:
MAN 14.225 MA.LF

Aufbauhersteller:
Albert Ziegler, Giengen

Stationiert auf FW 1
Funkrufname: 1/40/1

Motor: 6 Zyl. Reihe
Leistung: 220 PS
Hubraum: 6871 ccm
Drehzahl: 2300

Farbe: RAL 3000/9010

Länge: 7700 mm
Höhe: 3250 mm
Breite: 2500 mm
Radstand: 3900 mm

Eigengewicht: 9210 kg
Gesamtgewicht:15000 kg

Pumpe: FPN10-2000-2H
Löschmittel:2000l Wasser

Sonstiges:
LF 16/12 - 1/1 Allrad
ab 2015 FF Katzwang
Florian 26/40/1
Baugleich:
N - 2465; LF 16/12 - 2/1
ab 2011 FF Fischbach
Florian 21/40/1
N - 2487; LF 16/12 - 4/1
ab 2011 FF Großgründlach Fl. 12/40/1

LF 16/12

Kennzeichen: N - 2488

Baujahr: 2003
Zulassung: 03.2004
In Dienst: 27.07.2004
Außer Dienst:

Fahrzeughersteller:
MAN 14.225 ML.LC

Aufbauhersteller:
Albert Ziegler, Giengen

Stationiert auf FW 4
Funkrufname: 4/40/2

Motor: 6 Zyl. Reihe
Leistung: 220 PS
Hubraum: 6871 ccm
Drehzahl:

Farbe: RAL 3000/9010

Länge: 7700 mm
Höhe: 3050 mm
Breite: 2500 mm
Radstand: 3900 mm

Eigengewicht: 8750 kg
Gesamtgewicht:14500 kg

Pumpe: FPN10-2000-2H
Löschmittel:2000l Wasser

Sonstiges:
LF 16/12 - 4/2 Straße
ab 2015 FF Buchenbühl
Florian 17/40/1
Baugleich:
N - 2466; LF 16/12 - 3/1
ab 2015 FF Moorenbrunn
Florian 23/40/1
N - 2489; LF 16/12 - 5/1
ab 2015 FF Laufamholz
Florian 18/40/1

HLF 20/16

Kennzeichen:

N - FW 811
N - FW 912
N - FW 721
N - FW 331
N - FW 441
N - FW 442
N - FW 551

FW 1 ab 2015 Fl. 1/40/3
FW 1 ab 2015 Fl. 5/40/3
FW 2 ab 2015 Fl. 2/40/2
FW 3 ab 2015 Fl. 3/40/2
FW 4 ab 2015 Fl. 6/40/1
FW 4 ab 2015 Fl. 6/40/2
FW 5 ab 2015 Fl. 5/40/2

Baujahr: 2011
Zulassung: 2011
In Dienst:
Außer Dienst:

Fahrzeughersteller:
MAN TGM 15.290 - CC

Aufbauhersteller:
Albert Ziegler, Giengen

Motor: 6 Zyl. Reihe Common-Rail-EURO 5
Leistung: 290 PS
Hubraum: 6817 ccm
Drehzahl: 2300

Farbe: RAL 3000/9010

Länge: 8590 mm
Höhe: 3300 mm
Breite: 2500 mm
Radstand: 4275 mm

Eigengewicht: 9070 kg
Gesamtgewicht: 15000 kg

Pumpe: FPN 10/2000,
Löschmittel: 2000l Wasser
200 l Class-A-Foam

Sonstiges:
12 Gang automatisiertes Getriebe

Einmann Haspel

Schlauch; Rettungsboot; Verkehrsabsicherung

HLF 20

Kennzeichen:

N - FW 1401	FW 1 Fl. 1/40/1
N - FW 1402	FW 1 Fl. 1/40/2
N - FW 2401	FW 2 Fl. 2/40/1
N - FW 3401	FW 3 Fl. 3/40/1
N - FW 4401	FW 4 Fl. 4/40/1
N - FW 4402	FW 4 Fl. 4/40/2
N - FW 4403	FW 4 Fl. 4/40/3
N - FW 5501	FW 5 Fl. 5/40/1

Baujahr: 2014
Zulassung: 2015
In Dienst:
Außer Dienst:

Fahrzeughersteller:
MAN TGM 15.290 / 4x2

Aufbauhersteller:
Rosenbauer Deutschland
AT-Aufbau

Motor: 6 Zyl. Reihe Common-Rail-Diesel EURO 5
Leistung: 289 PS
Hubraum: 6871 ccm
Drehzahl: 2300

Farbe: RAL 3000/9010

Länge: 7900 mm
Höhe: 3250 mm
Breite: 2500 mm
Radstand: 4225 mm

Eigengewicht: 8590 kg
Gesamtgewicht:15500 kg

Pumpe: FPN 10/2000,
Löschmittel:2000 lWasser
200 l Class-A-Foam

Sonstiges:
12 Gang automatisiertes Getriebe

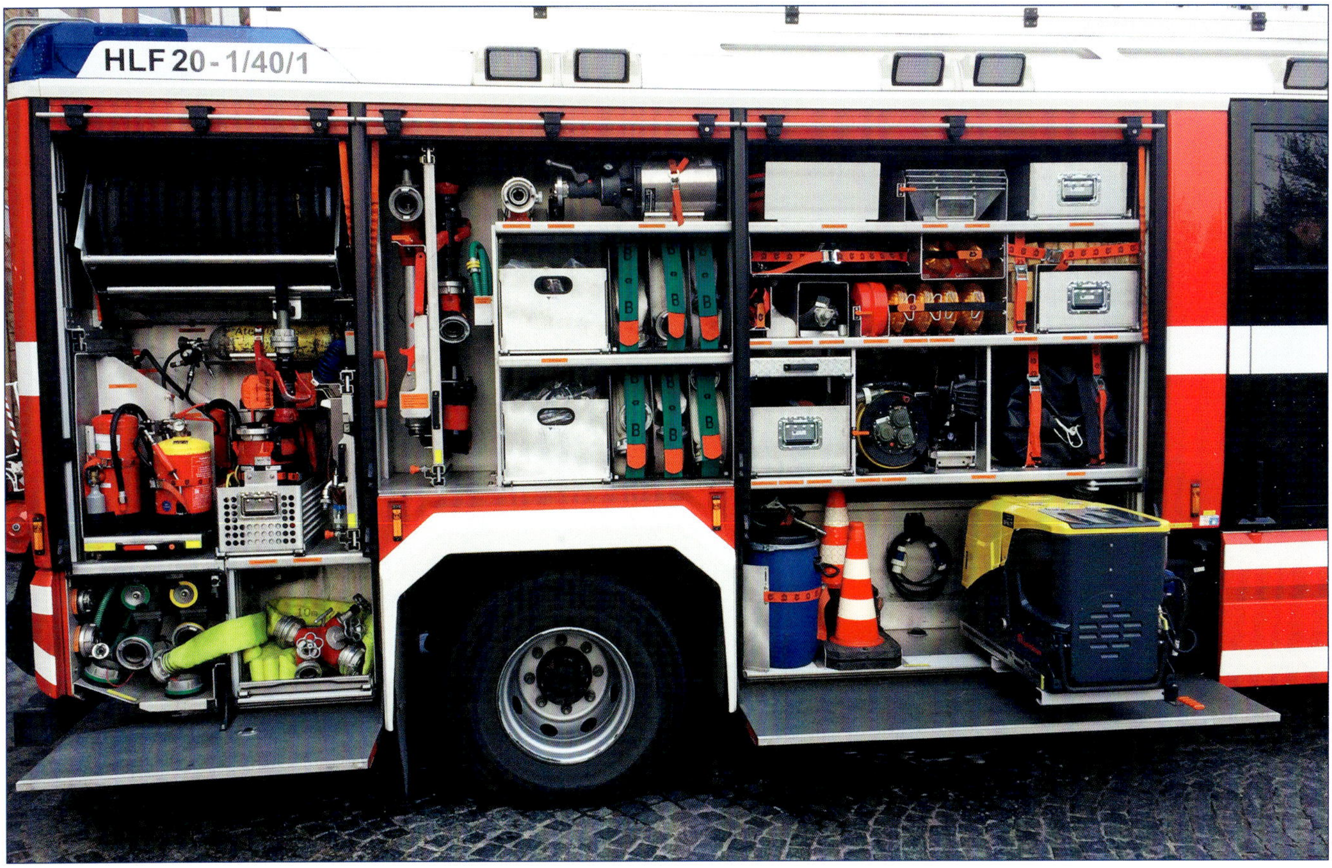

Hilfeleistungslöschgruppenfahrzeug (HLF 20)

Großes Löschgruppenfahrzeug, ab 1943 LF 25

GLG-4, LF 25/25

Kennzeichen: N - 2601
AB 777 793
BY 699444

Baujahr: 1942
Zulassung: 11.1946
Außer Dienst: 12.1962

Fahrzeughersteller:
Daimler-Benz L 4500 F

Aufbauhersteller:
Carl Metz, Karlsruhe

Stationiert auf FW 2
Funkrufname:

Motor: 6 Zyl. Diesel OM 67/4
Leistung: 120 PS
Hubraum: 7274 ccm
Drehzahl: 2250

Farbe: Grau

Länge:
Höhe:
Breite:
Radstand:

Eigengewicht: 6700 kg
Gesamtgewicht: 10960 kg

Sonstiges:

Pumpe: 2500 l / min
Löschmittel: 2500l Wasser

ab 1950 FW 1
LF 25/25 - 1
ab 1956 TLF 25/25 - 1
ab 1957 TLF 25/25 - 2

GLG-2, LF 25/15-1

Kennzeichen: N - 2602
AB 777 781
IIN 26111
Pol 11589
BY 699423

Baujahr: 1942
Zulassung: 09.02.1943
Außer Dienst: 07.1965

Fahrzeughersteller:
Daimler-Benz L 4500 F

Aufbauhersteller:
Carl Metz, Karlsruhe

Stationiert auf FW 1
Funkrufname:

Motor: 6 Zyl. Diesel OM 67/4
Leistung: 120 PS
Hubraum: 7274 ccm
Drehzahl: 2250

Farbe: Polizeigrün
ab 1946 RAL 3000

Länge: 8500 mm
Höhe: 2700 mm
Breite: 2400 mm
Radstand: 4600 mm

Eigengewicht: 6620 kg
Gesamtgewicht: 11150 kg

Pumpe: 2500 l / min
Löschmittel: 1500l Wasser

Preis: 31.387.- RM

Sonstiges:
ab 1945 GKS - 1
ab 1950 LF 25/15 - 1
ab 1951 FW 3
LF 25/15 - 3
ab 1956 TLF 25/15 - 3
ab 1957 FW 2
TLF 25/15 - 4
ab 1963 FW 1
TLF 25/15 - 2

GLG-1

Kennzeichen: Pol 11588

Baujahr: 1942
Zulassung: 28.01.1943
Außer Dienst: 01.1945

Fahrzeughersteller:
Daimler-Benz L 4500 F

Aufbauhersteller:
Carl Metz, Karlsruhe

Stationiert auf
Feuerwache Kornmarkt
Funkrufname:

Motor: 6 Zyl. Diesel OM 67/4
Leistung: 120 PS
Hubraum: 7240 ccm
Drehzahl: 2250

Farbe: Tannengrün

Länge:
Höhe: 2750 mm
Breite: 2350 mm
Radstand: 4600 mm

Eigengewicht:
Gesamtgewicht:

Pumpe:
Löschmittel:

Preis: 31.387,- RM

Sonstiges:
Beim Luftangriff am 2. Januar 1945 verbrannt

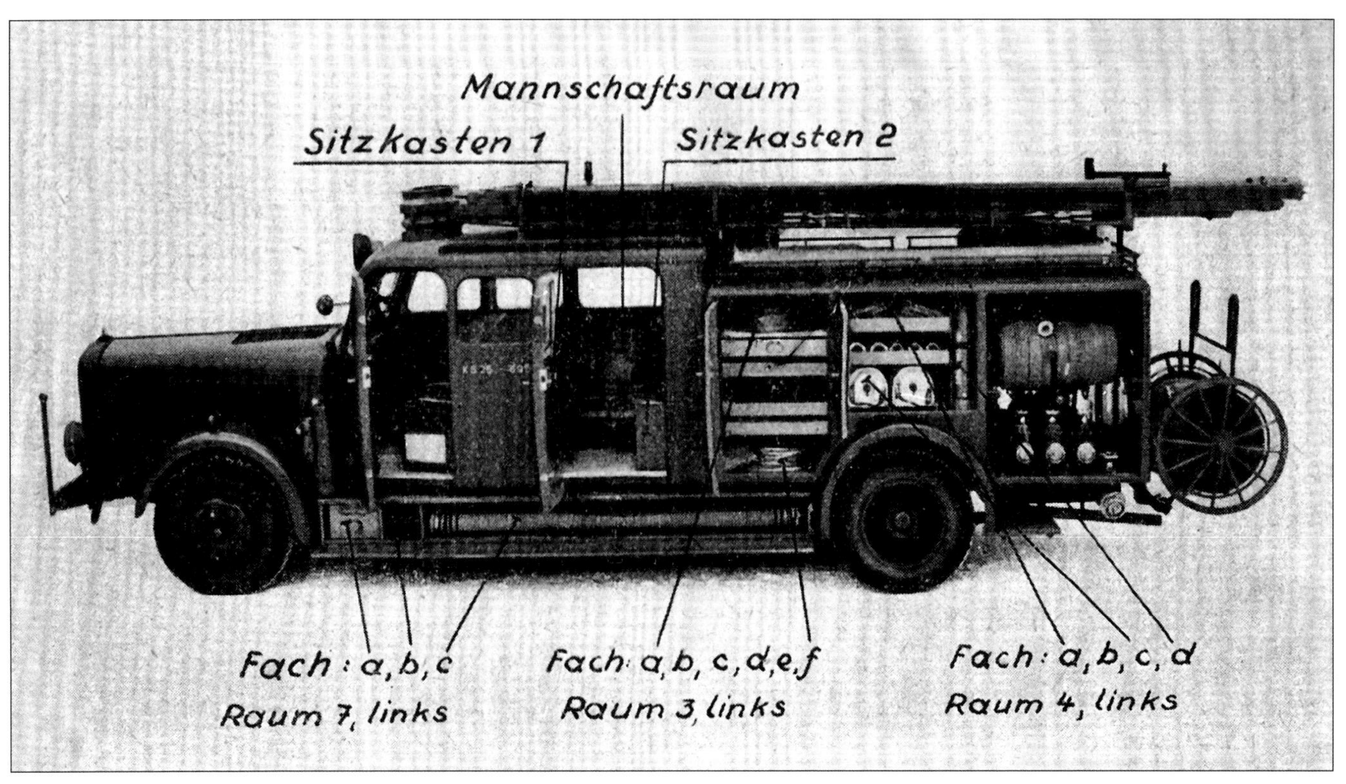
Mannschaftsraum
Sitzkasten 1
Sitzkasten 2
Fach: a, b, c
Raum 7, links
Fach: a, b, c, d, e, f
Raum 3, links
Fach: a, b, c, d
Raum 4, links

Raum 5
Raum 6

TLF 15

Kennzeichen: N - I 201

Baujahr: 1949
Zulassung:
In Dienst:
Außer Dienst:

Fahrzeughersteller:
Magirus S 3500

Aufbauhersteller:

Stationiert bei
FF Fischbach
Funkrufname:

Motor: 4 Zyl. Diesel
Leistung: 82 PS
Hubraum: 5322 ccm
Drehzahl: 2300

Farbe:

Länge:
Höhe:
Breite:
Radstand: 4200 mm

Eigengewicht:
Gesamtgewicht: 7200 kg

Pumpe:
Löschmittel:

Sonstiges:
TLF 15

1972 von Gemeinde Fischbach übernommen

TLF 15

Kennzeichen: N - 2597
AB 777 227

Baujahr: 1954
Zulassung: 17.02.1955
In Dienst:
Außer Dienst: 05.1971

Fahrzeughersteller:
Magirus - Deutz S 3500

Aufbauhersteller:
Carl Metz, Karlsruhe

Stationiert auf FW 1
Funkrufname: Fl. 33

Motor: 6 Zyl. Diesel
Leistung: 125 PS
Hubraum: 7927 ccm
Drehzahl: 2300

Farbe: RAL 3000

Länge: 6500 mm
Höhe: 2500 mm
Breite: 2300 mm
Radstand:

Eigengewicht:
Gesamtgewicht: 9200 kg

Pumpe: FP16/8
Löschmittel:2400l Wasser

Preis: 45.000.- DM

Sonstiges:
TLF 15 - 1

ab 1957 FW 3; TLF 16 - 3
ab 1965 FW 1; TLF 16 - 2
ab 1967 FW 2; TLF 16 - 4

TLF 15

Kennzeichen: IN - 2598
AB 777 790

Baujahr: 1955
Zulassung: 07.11.1955
In Dienst: 03.12.1955
Außer Dienst: 1973

Fahrzeughersteller:
Magirus - Deutz S 3500

Aufbauhersteller:
Klöckner-Humboldt-Deutz
Werk Ulm

Stationiert auf FW 2
Funkrufname:

Motor: 6 Zyl Diesel
Leistung: 125 PS
Hubraum: 7927 ccm
Drehzahl: 2300

Farbe: RAL 3000

Länge: 6500 mm
Höhe: 2500 mm
Breite: 2300 mm
Radstand:

Eigengewicht: 5150 kg
Gesamtgewicht: 9200 kg

Pumpe: FP16/8M
Löschmittel:2400l Wasser
Preis: 48.000.- DM

Sonstiges:
TLF 15 - 2
ab 1957 Wache Brand-graben TLF 15 - 2
ab 1960 FW 3; TLF 16 - 5
ab 1962 FW 1; TLF 16 - 2
ab 1965 FW 2; TLF 16 - 5
ab 1967 FF Buchenbühl

TLF 16

Kennzeichen: N - 2595

Baujahr: 1956
Zulassung: 21.06.1957
In Dienst:
Außer Dienst: 02.1975

Fahrzeughersteller:
MAN 400 L1

Aufbauhersteller:
Carl Metz, Karlsruhe

Stationiert auf FW 1
Funkrufname: Fl. 31

Motor: 6 Zyl. Diesel
Leistung: 100 PS
Hubraum: 5211 ccm
Drehzahl: 2700

Farbe: RAL 3000

Länge:
Höhe:
Breite:
Radstand: 3600 mm

Eigengewicht: 6235 kg
Gesamtgewicht:10200 kg

Pumpe: FP 16/8 Amag-Hilpert
Löschmittel:2400l Wasser

Sonstiges:
TLF 16 - 1

ab 1965 FW 3; TLF 16 -3
Florian 33
ab 1972 Umbau d. BF zum WRW

TLF 16

Kennzeichen: N - 2596

Baujahr: 1956
Zulassung: 21.06.1957
In Dienst:
Außer Dienst:

Fahrzeughersteller:
MAN 400 L1 Allrad

Aufbauhersteller:
Carl Metz, Karlsruhe

Stationiert auf FW 3
Funkrufname: Fl. 34

Motor: 6 Zyl. Diesel
Leistung: 100 PS
Hubraum: 5211 ccm
Drehzahl: 2700

Farbe: RAL 3000

Länge:
Höhe:
Breite:
Radstand:

Eigengewicht: 6235 kg
Gesamtgewicht:10200 kg

Pumpe: FP 16/8 Amag-Hilpert
Löschmittel:2400l Wasser

Sonstiges:
TLF 16 - 4 Allrad
ab 1967 FW 3; TLF 16 - 5 (Fahrschule)
ab 1971 TLF 16 - 4
ab 1973 FF Katzwang
ab 1975 FW 3; TLF 16 - 3
Florian 3/21/1

TFL 16

Kennzeichen: N - 2399

Baujahr: 1964
Zulassung: 24.03.1965
In Dienst:
Außer Dienst: 08.1993

Fahrzeughersteller:
MAN 635 HA.LF

Aufbauhersteller:
Carl Metz, Karlsruhe

Stationiert auf FW 1
Funkrufname: Fl. 31

Motor: 6 Zyl Diesel D 0836 M2
Leistung: 150 PS
Hubraum: 6987 ccm
Drehzahl: 2500

Farbe: RAL 3000

Länge: 7140 mm
Höhe: 2750 mm
Breite: 2300 mm
Radstand: 4200 mm

Eigengewicht: 6875 kg
Gesamtgewicht:11500 kg

Pumpe: FPH 16/8 Metz
Löschmittel:2400l Wasser

Preis: 80.000.- DM

Sonstiges:
TLF 16 - 1
ab 1971 Fl. 36
ab 1975 Fl. 1/21/1
ab 1981 FF Altenfurt
Florian 22/21/1

TLF 16

Kennzeichen: N - 2724

Baujahr: 1967
Zulassung: 27.09.1967
In Dienst:
Außer Dienst: 04.1985

Fahrzeughersteller:
MAN 450 H.LF

Aufbauhersteller:
Carl Metz, Karlsruhe

Stationiert auf FW 2
Funkrufname: Fl. 32

Motor: 6 Zyl.Diesel
D 0836 HM70
Leistung: 156 PS
Hubraum: 6987 ccm
Drehzahl: 2500

Farbe: RAL 3000

Länge: 7140 mm
Höhe: 2750 mm
Breite: 2300 mm
Radstand: 4200 mm

Eigengewicht: 6935 kg
Gesamtgewicht: 11600 kg

Pumpe: FP 16/8-II Metz
Löschmittel:2400l Wasser

Preis: 86.000,- DM

Sonstiges:
TLF 16 - 4

ab 1972 TLF 16 - 2 Fl. 34
ab 1975 Fl. 2/21/1
ab 1981 FF Brunn
Florian 19/21/1

TLF 16

Kennzeichen: N - 2058
SC - AL 43

Baujahr: 1956
Zulassung: 30.10.1956
In Dienst:
Außer Dienst: 1982

Fahrzeughersteller:
Magirus - Deutz A3500

Aufbauhersteller:
Klöckner-Humboldt-Deutz
Werk Ulm

Stationiert bei
FF Katzwang
Funkrufname: Fl. 126

Motor: 6 Zyl. Diesel
Leistung: 125 PS
Hubraum: 7927 ccm
Drehzahl: 2300

Farbe: RAL 3000

Länge:
Höhe:
Breite:
Radstand: 3700 mm

Eigengewicht: 5660 kg
Gesamtgewicht: 9300 kg

Pumpe: FPM 16/8 KHD
Löschmittel:2400l Wasser

Preis: 47.017.- DM

Sonstiges:
TLF 16

1972 von der Gemeinde
Katzwang übernommen

ab 1975 Fl. 26/21/1

TLF 16/24

Kennzeichen: N - 2344
N - N 52
Baujahr: 1966
Zulassung: 15.11.1966
In Dienst:
Außer Dienst: 10.2004

Fahrzeughersteller:
MAN 450 H.LF

Aufbauhersteller:
Albert Ziegler, Giengen

Stationiert bei
FF Fischbach
Funkrufname: Fl. 121

Motor: 6 Zyl. Diesel
Leistung: 150 PS
Hubraum: 6967 ccm
Drehzahl:

Farbe: RAL 3000

Länge: 6600 mm
Höhe: 2750 mm
Breite: 2320 mm
Radstand: 3600 mm

Eigengewicht:
Gesamtgewicht:10000 k

Pumpe: Ziegler FP16/8
Löschmittel:2400l Wasse

Sonstiges:
TLF 16/24

1972 von Gemeinde
Fischbach übernommen

ab 1975 Fl. 21/21/1
ab 1997 Fl. 21/21/2

TLF 16/24

Kennzeichen: N - 2258
SC - 2085

Baujahr: 1968
Zulassung: 24.09.1968
In Dienst:
Außer Dienst: 04.1997

Fahrzeughersteller:
MAN 450 HA.LF Allrad

Aufbauhersteller:
Albert Ziegler, Giengen

Stationiert bei
FF Worzeldorf
Funkrufname: Fl. 121

Motor: 6 Zyl. Diesel
Leistung: 150 PS
Hubraum: 7035 ccm
Drehzahl: 2500

Farbe: RAL 3000

Länge:
Höhe:
Breite:
Radstand: 4200 mm

Eigengewicht:
Gesamtgewicht:11000 kg

Pumpe: FP 16/8
Löschmittel:2400l Wasser

Sonstiges:
TLF 16/24

1972 von der Gemeinde
Worzeldorf übernommen

197? Florian 124
ab 1975 Fl. 24/21/1

TLF 16/25

Kennzeichen: N - 1559

Baujahr: 1977
Zulassung: 09.09.1977
In Dienst:
Außer Dienst: 2011

Fahrzeughersteller:
MAN 11.168 HA.LF

Aufbauhersteller:
Carl Metz, Karlsruhe

Stationiert auf FW 4
Funkrufname: 4/21/1

Motor: 6 Zyl. Diesel
Leistung: 168 PS
Hubraum: 5687 ccm
Drehzahl: 2800

Farbe: RAL 3024

Länge:
Höhe:
Breite:
Radstand:

Eigengewicht:
Gesamtgewicht:

Pumpe:
Löschmittel:

Sonstiges:
TLF 16/25 - 4

ab 1980 FW 1; Fl. 1/21/1
ab 1996 FF Altenfurt
Florian 22/21/1
ab 2001 FF Laufamholz
ab 2006 FF Fischbach
Fl 21/21/1

TLF 16/25

Kennzeichen: N - 2008

Baujahr: 1980
Zulassung: 16.07.1980
In Dienst:
Außer Dienst: 2011

Fahrzeughersteller:
MAN 11.192 HA.LF

Aufbauhersteller:
Carl Metz, Karlsruhe

Stationiert auf FW 2
Funkrufname: 2/21/1

Motor: 5 Zyl. Diesel
Leistung: 192 PS
Hubraum: 5687 ccm
Drehzahl: 2800

Farbe: RAL 3024

Länge:
Höhe:
Breite:
Radstand:

Eigengewicht:
Gesamtgewicht:

Pumpe: FP 16/8 Metz
Löschmittel:2500l Wasser

Sonstiges:
TLF 16/25

ab 1996 FF Buchenbühl
Florian 17/21/1

TLF 16/25

Kennzeichen: N - 20209

Baujahr: 1992
Zulassung: 08.07.1992
In Dienst:
Außer Dienst:

Fahrzeughersteller:
MAN 12.232 FA M07

Aufbauhersteller:
GFT

Stationiert auf FW 1
Funkrufname: 1/21/2

Motor: 6 Zyl.
Leistung: 230 PS
Hubraum: 6596 ccm
Drehzahl: 2600

Farbe: RAL 3024

Länge: 7280 mm
Höhe: 3150 mm
Breite: 2500 mm
Radstand:

Eigengewicht:
Gesamtgewicht:12000 kg

Pumpe: FP16/8 GFT
Löschmittel:2500l Wasser

Sonstiges:
TLF 16/25 - 3
TLF mit Gruppenkabine
ab 1996 Fl. 1/21/1
ab 2005 FF Laufamholz
Florian 18/21/1
ab 2011 FF Gartenstadt
Florian 27/20/1

TLF 24/50

Kennzeichen: N - 2034

Baujahr: 1980
Zulassung: 04.08.1980
In Dienst:
Außer Dienst: 06.2002

Fahrzeughersteller:
MAN 16.240 FA.K

Aufbauhersteller:
Gebr. Bachert

Stationiert auf FW 4
Funkrufname: 4/23/1

Motor: 6 Zyl.
Leistung: 240 PS
Hubraum: 6890 ccm
Drehzahl: 2200

Farbe: RAL 3024

Länge: 7300 mm
Höhe: 3450 mm
Breite: 2500 mm
Radstand: 3800 mm

Eigengewicht: 9450 kg
Gesamtgewicht:16000 kg

Pumpe: FP24/8 B
Löschmittel:5000l Wasser
500l Schaummittel

Sonstiges:

TLF 24/50

Kennzeichen: N - 2235

Baujahr: 2001
Zulassung: 14.02.2002
In Dienst: 06.2002
Außer Dienst:

Fahrzeughersteller:
MAN 18.285 LAC L90

Aufbauhersteller:
Albert Ziegler, Giengen
GFK Aufbau

Stationiert auf FW 4
Funkrufname: 4/23/1

Motor: 6 Zyl.
Leistung: 280 PS
Hubraum: 6871 ccm
Drehzahl: 2400

Farbe: RAL 3000/9010

Länge: 7500 mm
Höhe: 3350 mm
Breite: 2500 mm
Radstand: 4050 mm

Eigengewicht: 9150 kg
Gesamtgewicht:18000 kg

Pumpe: FP 24/8 1H
Löschmittel:4790l Wasser
510l Schaummittel

Sonstiges:
Blitzblaulichter am Heck
im Aufbau. gelbe
Blitzlampen hinten
Alco Monitor HR 367/S
GFK-Tank

Notruf 112

TroTLF 16

Kennzeichen: N - 2349

Baujahr: 1970
Zulassung: 02.03.1971
In Dienst:
Außer Dienst: 09.1995

Fahrzeughersteller:
MAN 450 HA.LF

Aufbauhersteller:
Carl Metz, Karlsruhe

Stationiert auf FW 1
Funkrufname: Fl. 31

Motor: 6 Zyl. Diesel
Leistung: 160 PS
Hubraum: 6987 ccm
Drehzahl: 2500

Farbe: RAL 3000
ab 1976 RAL 3024

Länge: 7290 mm
Höhe: 2700 mm
Breite: 2300 mm
Radstand: 4200 mm

Eigengewicht: 7800 kg
Gesamtgewicht:12400 kg

Pumpe: Metz FPH 16/8 II
Löschmittel:1800l Wasser
Pulver: 750 kg

Sonstiges:
TroTLF 16 - 1
ab 1975 Fl. 1/20/1
ab 1976 FW 2; Fl. 2/20/1
1982 Umbau zu TLF
ab 1982 FF Großgründlach Fl. 12/21/1

TroTLF 16

Kennzeichen: N - 2340

Baujahr: 1970
Zulassung: 02.03.1971
In Dienst:
Außer Dienst: 01.1996

Fahrzeughersteller:
MAN 450 HA.LF

Aufbauhersteller:
Carl Metz, Karlsruhe

Stationiert auf FW 2
Funkrufname: Fl. 32

Motor: 6 Zyl. Diesel
Leistung: 160 PS
Hubraum: 6987 ccm
Drehzahl: 2500

Farbe: RAL 3000

Länge: 7290 mm
Höhe: 2700 mm
Breite: 2300 mm
Radstand: 4200 mm

Eigengewicht: 7800 kg
Gesamtgewicht:12400 kg

Pumpe: Metz FPH 16/8 II
Löschmittel:1800l Wasser
Pulver: 750 kg
Preis: 140.000.- DM
Sonstiges:
TroTLF 16 - 2
ab 1975 Fl. 2/20/1
ab 1976 FW1; Fl. 1/20/2
ab 1977 TroTLF - 5
1982 Umbau zum TLF
ab 1982 FF Katzwang Florian 26/21/1
ab 1993 FF Altenfurt Florian 22/21/1

TroTLF 16

Kennzeichen: N - 2257

Baujahr: 1971
Zulassung: 09.11.1971
In Dienst:
Außer Dienst: 01.1996

Fahrzeughersteller:
MAN 450 HA.LF

Aufbauhersteller:
Carl Metz, Karlsruhe

Stationiert auf FW 3
Funkrufname: Fl. 33

Motor: 6 Zyl. Diesel
Leistung: 160 PS
Hubraum: 6987 ccm
Drehzahl: 2500

Farbe: RAL 3000
ab 1976 RAL 3024

Länge: 7290 mm
Höhe: 2700 mm
Breite: 2300 mm
Radstand: 4200 mm

Eigengewicht: 7479 kg
Gesamtgewicht:12400 kg

Pumpe: Metz FPH 16/8-II
Löschmittel:1800l Wasser
Pulver: 750 kg
Sonstiges:
TroTLF 16 - 3
ab 1975 Fl. 3/20/1
ab 1979 FW 4; Fl. 4/20/2
1982 Umbau zum TLF
ab 1982 FF Großgründlach Florian 12/21/2
ab 19? FF Buchenbühl Florian 17/21/1

TroTLF 16

Kennzeichen: N - 2322
Baujahr: 1975
Zulassung: 06.11.1975
In Dienst:
Außer Dienst: 11.2005

Fahrzeughersteller:
MAN 11.168 HA.LF

Aufbauhersteller:
Carl Metz, Karlsruhe

Stationiert auf FW 1
Funkrufname: 1/20/1

Motor: 6 Zyl. Diesel
Leistung: 168 PS
Hubraum: 9140 ccm
Drehzahl: 2200

Farbe: RAL 3024

Länge:
Höhe:
Breite:
Radstand:

Eigengewicht:
Gesamtgewicht:

Pumpe: Metz FP16/8
Löschmittel:1800l Wasser
Pulver: 750 kg

Sonstiges:
TroTLF 16 - 1
ab 1981 Res. TroTLF
Florian 1/20/2
1983 Umbau zum TLF
ab 1983 zur FF
Fischbach Florian 21/21/2
ab 1997 Fl. 21/21/1

TroTLF 16

Kennzeichen: N - 1543
Baujahr: 1977
Zulassung: 17.01.1977
In Dienst: 03.04.1977
Außer Dienst: 01.1990

Fahrzeughersteller:
MAN 11.168 HA.LF

Aufbauhersteller:
Carl Metz, Karlsruhe
Total - Foerstner

Stationiert auf FW 4
Funkrufname: 4/20/1

Motor: 6 Zyl. Diesel
Leistung: 168 PS
Hubraum: 9140 ccm
Drehzahl: 2200

Farbe: RAL 3024

Länge:
Höhe:
Breite:
Radstand:

Eigengewicht:
Gesamtgewicht:

Pumpe: FP16/8 II Metz
Löschmittel:1800l Wasser
Pulver: 750 kg

Preis: 224.700.- DM

Sonstiges:
TroTLF 16 - 4

ab 1982 FW 1
Res. TroTLF Fl. 1/20/2
1989 Unfall

TroTLF 16

Kennzeichen: N - 2940
Baujahr: 1981
Zulassung: 19.01.1982
In Dienst: 31.08.1982
Außer Dienst: 2012

Fahrzeughersteller:
MAN 11.192 HA.LF

Aufbauhersteller:
Carl Metz, Karlsruhe

Stationiert auf FW 4
Funkrufname: 4/20/1

Motor: 5 Zyl. Diesel
Leistung: 192 PS
Hubraum: 9445 ccm
Drehzahl: 2500

Farbe: RAL 3024

Länge: 7510 mm
Höhe: 2870 mm
Breite: 2500 mm
Radstand:

Eigengewicht:
Gesamtgewicht:12970 kg

Pumpe: FP16/8 II Metz
Löschmittel:1800l Wasser
Pulver: 750 kg

Sonstiges:
TroTLF 16 - 4

1996 Umbau zu TLF 16
ab 1997 FF Katzwang
Fl. 26/21/1
Zugfahrz. f. Bandskimmer

TroTLF 16

Kennzeichen: N - 2063

Baujahr: 1981
Zulassung: 19.01.1982
In Dienst: 31.08.1982
Außer Dienst: 2012

Fahrzeughersteller:
MAN 11.192 HA.LF

Aufbauhersteller:
Carl Metz, Karlsruhe

Stationiert auf FW 3
Funkrufname: 3/20/1

Motor: 5 Zyl. Diesel
Leistung: 192 PS
Hubraum: 9445 ccm
Drehzahl: 2500

Farbe: RAL 3024

Länge: 7510 mm
Höhe: 2870 mm
Breite: 2500 mm
Radstand:

Eigengewicht:
Gesamtgewicht:12970 kg

Pumpe: FP16/8 II Metz
Löschmittel:1800l Wasser
Pulver: 750 kg

Sonstiges:
TroTLF 16 - 3
ab 1992 FW 4
Res. TroTLF Fl. 4/20/2
ab 1996 TroTLF 16 - 4/1
Florian 4/20/1
ab 2000 FF Werderau
Florian 28/20/1

TroTLF 16

Kennzeichen: N - 2173

Baujahr: 1981
Zulassung: 19.10.1981
In Dienst:
Außer Dienst: 2006

Fahrzeughersteller:
MAN 11.192 HA.LF

Aufbauhersteller:
Carl Metz, Karlsruhe

Stationiert auf FW 1
Funkrufname: 1/20/1

Motor: 5 Zyl. Diesel
Leistung: 192 PS
Hubraum: 9445 ccm
Drehzahl: 2500

Farbe: RAL 3024

Länge: 7510 mm
Höhe: 2870 mm
Breite: 2500 mm
Radstand:

Eigengewicht:
Gesamtgewicht:12000 kg

Pumpe: FP16/8 II Metz
Löschmittel:1800l Wasser
Pulver: 750 kg

Sonstiges:
TroTLF 16 - 1

ab 2000 FF Großgründ-
lach Fl.12/20/1

TroTLF 16

Kennzeichen: N - 2153

Baujahr: 1981
Zulassung: 19.10.1981
In Dienst:
Außer Dienst: 10.2006

Fahrzeughersteller:
MAN 11.192 HA.LF

Aufbauhersteller:
Carl Metz, Karlsruhe

Stationiert auf FW 2
Funkrufname: 2/20/1

Motor: 5 Zyl. Diesel
Leistung: 192 PS
Hubraum: 9445 ccm
Drehzahl: 2500

Farbe: RAL 3024

Länge: 7510 mm
Höhe: 2870 mm
Breite: 2500 mm

Eigengewicht:
Gesamtgewicht: 12000 kg

Pumpe: FP16/8 II Metz
Löschmittel:1800l Wasser
Pulver: 750 kg

Sonstiges:
TroTLF 16 - 2
ab 1996 FW 4; Fl. 4/20/2
ab 1997 FF Worzeldorf
Florian 24/21/1
ab 2000 Fl. 24/20/1
ab 2005 FF Kornburg
Florian 25/20/1

FENDT

Pulverlöschfahrzeuge, Sonderlöschmittelfahrzeug

PLF 750

Kennzeichen: N - 2947

Baujahr: 1960
Zulassung:
In Dienst:
Außer Dienst: 02.1971

Fahrzeughersteller:
Mercedes Benz
Unimog S 404.113

Aufbauhersteller:
Metz / Total Foerstner

Stationiert auf FW 1
Funkrufname: Fl.12

Motor: 6 Zyl.
Typ M 180 II
Leistung: 80 PS
Hubraum: 2150 ccm
Drehzahl:

Farbe: RAL 3000

Länge: 4712 mm
Höhe: 2540 mm
Breite: 2065 mm
Radstand: 2900 mm

Eigengewicht: 3540 kg
Gesamtgewicht: 4750 kg

Pulveranlage: PLA 750
Löschmittel: 750 kg

Preis:
Fahrgestell 37.853,- DM
Aufbaupreis 16.445,- DM

Sonstiges:
TroLF 750 - 1

ab 197? Fl. 43

PLF 750

Kennzeichen: N - 2656

Baujahr: 1962
Zulassung:
In Dienst:
Außer Dienst: 11.1971

Fahrzeughersteller:
Mercedes Benz
Unimog S 404.113

Aufbauhersteller:
Metz / Total Foerstner

Stationiert auf FW 2
Funkrufname: Fl. 44

Motor: 6 Zyl.
Typ M 180 II
Leistung: 80 PS
Hubraum: 2195 ccm
Drehzahl:

Farbe: RAL 3000

Länge: 4712 mm
Höhe: 2540 mm
Breite: 2065 mm
Radstand: 2900 mm

Eigengewicht: 3300 kg
Gesamtgewicht: 4750 kg

Pulveranlage: PLA 750
Total
Löschmittel: 750 kg

Preis: 41.942,- DM

Sonstiges:
TroLF 750 - 2

SLF

Kennzeichen: N - 2019

Baujahr: 1999
Zulassung: 09.02.2000
In Dienst:
Außer Dienst:

Fahrzeughersteller:
MAN L77 14.224 LAC

Aufbauhersteller:
Albert Ziegler, Giengen

Stationiert auf FW 1
Funkrufname: 1/27/1

Motor: 6 Zyl. Reihe
Diesel
Leistung: 162kW/220PS
Hubraum: 6871 ccm
Drehzahl: 2400

Farbe: RAL 3000/9010

Länge: 6900 mm
Höhe: 3050 mm
Breite: 2500 mm
Radstand: 3275 mm

Eigengewicht: 8590 kg
Gesamtgewicht:14200 kg

Pulveranlage: 2 x 760 kg
CO_2 - Anlage: 360 kg
(12 Flaschen á 30 kg)
880 l Schaummittel A3F
alkoholbeständig

Einleitung Drehleitern

Schon mit Beginn des organisierten Löschwesens in Nürnberg wurden Vorbereitungen getroffen, um Personen aus höher liegenden Etagen retten zu können. Dazu wurden im gesamten Stadtgebiet an exponierten Plätzen Leitern deponiert (1544: 157 Leitern).

In der Peunt (Bauhof) wurden weitere Leitern vorgehalten. Laut Feuerordnung von 1544 waren dort sechs geladene Wagen: zwei mit großen Leitern, Hacken und Hebespiesen, zwei mit kleinen Leitern nebst Hacken (. . .). Die Fuhrleute hatten vor allem die beiden Wagen mit den großen und kleinen Leitern auf den Brandplatz zu fahren.

Mitte des 19. Jahrhundert wurden die ersten Balance-Schiebeleitern angeschafft (Augsburger-Leiter 1864). Im Jahr 1878 führte Nürnberg als erste Feuerwehr in Deutschland, eine pferdebespannte, drehbare Schiebleiter ein. Die Leiter stammte aus der in Nürnberg ansässigen Firma Fischer & Stahl und verfügte über eine Steighöhe von 23 m. Alle Bewegungen wie Aufrichten, Drehen und das Ausfahren der Leiter mussten mechanisch mit Muskelkraft ausgeführt werden. Dieser Leiter folgte 1887 eine weitere vierrädrige bespannte mechanische Schiebeleiter der Firma Stahl mit einer Steighöhe von 21 m.

Die erste motorbetriebene Drehleiter (Fa. Justus-Christian-Braun-Premierwerke) verfügte über eine Steighöhe von 25 m und hatte einen Balance-Leiterpark, das heißt, die Leiterfunktionen mussten noch per Muskelkraft durchgeführt werden. Bei der weiteren Motorisierung der Drehleitern wurde zwar mit dem Gedanken gespielt die vorhandenen pferdebespannten-Serafinenleitern der Firma Braun auf motorisierte Fahrgestelle aufzusetzen. Dieser Plan wurde jedoch verworfen, da die Fahrzeuge einfach zu hoch geworden wären. Es wurden Faun-Fahrgestelle beschafft und bei der Firma Magirus mit einem Leiterpark versehen. Bei diesen Drehleitern wurden alle Funktionen (Aufrichten, Drehen und Ausschieben) maschinell durch einen Nebenantrieb ausgeführt, der direkt mit dem Fahrzeugmotor verbunden war. Die Bedienung aller Funktionen konnte von einem Bedienstand aus betätigt werden. Die Faun-Fahrgestelle erwiesen sich jedoch als zu schwach und wurden 1924 durch MAN-Fahrgestelle ersetzt. Die alten Fahrgestelle wurden zum Pumpenwagen für den Reservelöschzug und zum Schlauchwagen umgebaut.

Bei der dritten Generation von Drehleitern (1935/36) wurde auf die Technik von Metz gesetzt. Metz vertraute dem Prinzip des unmittelbar mit dem Fahrzeugmotor betriebenen Leiterpark, wohingegen Magirus auf einen elektrisch angetriebenen Leiterpark setzte, der bei der Nürnberger Feuerwehrführung als zu unsicher galt, da bei der Vorführung im Werk eine Sicherung durchbrannte.

Neben den Drehleitern verfügte die Feuerwehr Nürnberg noch über ein Zwitterfahrzeug, die sogenannte Abprotzleiter. Das Fahrzeug war ein Gerätewagen, der jedoch mit einer 22 m langen Abprotz-Schiebeleiter aus Stahl bestückt war. Nach Ansicht der Feuerwehrführung waren die Drehleitern zu statisch. Für den Einsatz in den engen Gassen und den Hinterhöfen in der Nürnberger Altstadt wurde mit diesem Fahrzeug eine Alternative gefunden. Die Abprotzleiter wurde auf der Hauptfeuerwache stationiert und bildete mit der Kraftfahrspritze und der Kraftfahrleiter in seiner Zeit den einzigen dreigliedrigen Löschzug.

Wenn man sich die technische Entwicklung (Hydraulik, Elektronik) der Feuerwehrfahrzeuge in den letzen Jahrzehnten betrachtet, ist die Drehleiter das Fahrzeug, das sich im Bereich der Fahrzeugelektronik am weitesten entwickelte. In der Anfangszeit der Drehleitern kam es immer wieder zu Unfällen, die auf fehlende Sicherungseinrichtungen zurückzuführen waren. Die Sicherheit war die Erfahrung der Fahrzeugführer. Nach den Vorkriegsdrehleitern auf Mercedes Benz-Fahrgestellen folgten in den 1960er Jahren bis 2017 wieder Fahrgestelle von MAN. Den Leiterpark lieferten entweder Metz (Karlsruhe) oder Magirus (Ulm).

AL

Kennzeichen: IIN 18661
Pol 11585
BY 699430

Baujahr: 1926
Zulassung: 06.01.1927
In Dienst: 01/1927
Außer Dienst: 1945

Fahrzeughersteller:
MAN 3,5 to

Aufbauhersteller:
Carl Metz, Karlsruhe

Stationiert auf FW 1

Motor: 4 Zyl.
Leistung: 65 PS
Hubraum: 7477 ccm
Drehzahl:

Farbe:

Länge: 6500 mm
Höhe: 3050 mm
Breite: 2000 mm
Radstand:

Eigengewicht: 4808 kg
Gesamtgewicht: 7649 kg

Pumpe: 1500 l/min
Almag Hilpert

Sonstiges:
Abprotzleiter AL - 1

Elastikbereifung
nach 1945 abgegeben an Kriminalpolizei
Fehlkonstruktion v. Metz

AL

Kennzeichen: N - 2618
AB 777 808
IIN 18660
Pol 11584
BY 69943

Baujahr: 1935
Zulassung: 05.09.1935
In Dienst: 09.09.1939
Außer Dienst: 07.1960

Fahrzeughersteller:
Daimler-Benz LoD 3500

Aufbauhersteller:
Carl Metz

Stationiert auf
Feuerwache Kornmarkt

Motor: 6 Zyl. Diesel
Leistung: 95 PS
Hubraum: 7440 ccm
Drehzahl:

Farbe: RAL 3000

Länge: 7300 mm
Höhe: 2200 mm
Breite: 2200 mm
Radstand: 4600 mm

Eigengewicht: 4530 kg
Gesamtgewicht: 7900 kg

Sonstiges:
Abprotzleiter AL - 1

Leiteraufbau bei Luftangriff zerstört

ab 1945 Fahrgestell umgebaut zu Lw - 2
ab 1950 FW 1; LKW - 1

DL 25

Kennzeichen: IIN ?

Baujahr: 1912
Zulassung: 1913
In Dienst:
Außer Dienst: 1935

Fahrzeughersteller:
Braun Premier 3 to
Motor: White & Poppe

Aufbauhersteller:
Justus Christian Braun-Premier-Werke AG

Stationiert auf FW 2

Motor: 4 Zyl.
Leistung: 50 PS
Hubraum:
Drehzahl: 1150

Farbe:

Länge: 8300 mm
Höhe: 2950 mm
Breite: 2280 mm
Radstand:

Eigengewicht:
Gesamtgewicht: 6600 kg

Sonstiges:
DL 25 - 4

Radnabenantrieb
32 kW Dynamo
Balance Leiter 25 m
(Kaiserleiter)
Elastikbereifung

DL 28

Kennzeichen:

Baujahr: 1915
Zulassung: ?
In Dienst: 07.1921
Außer Dienst: 1926

Fahrzeughersteller:
Faun B 3,5 to

Aufbauhersteller:
C.D. Magirus AG, Ulm

Stationiert auf
Feuerwache Kornmarkt

Motor: 4 Zyl.
Leistung: 40 PS
Hubraum:
Drehzahl:

Farbe:

Länge:
Höhe:
Breite:
Radstand: 4000 mm

Eigengewicht:
Gesamtgewicht:

Sonstiges:
DL 28 - 1

Fahrgestell von
Heeresverwaltung
Baujahr 1915

1926 Umbau zu GW 2
Elastikbereifung

DL 28

Kennzeichen: IIN ?

Baujahr: 1921
Zulassung: ?
In Dienst: 07.1921
Außer Dienst: 1925

Fahrzeughersteller:
Faun B 3,5 to

Aufbauhersteller:
C.D. Magirus, Ulm

Stationiert auf FW 1

Motor: 4 Zyl.
Leistung: 40 PS
Hubraum:
Drehzahl:

Farbe:

Länge:
Höhe:
Breite:
Radstand: 4000 mm

Eigengewicht:
Gesamtgewicht:

Sonstiges:
DL 28 - 3

Fahrgestell von
Heeresverwaltung
Baujahr 1919

1926 Umbau zu
Schlauchwagen
Elastikbereifung

DL 28

Kennzeichen: IIN 18658
Pol 11580

Baujahr: 1925
Zulassung: 28.05.1925
In Dienst:
Außer Dienst: 05.1945

Fahrzeughersteller:
MAN 3,5 to

Aufbauhersteller:
C.D. Magirus AG, Ulm

Stationiert auf FW 1

Motor: 4 Zyl.
Leistung: 55/65 PS
Hubraum:
Drehzahl:

Farbe:

Länge:
Höhe:
Breite:
Radstand:

Eigengewicht: 6120 kg
Gesamtgewicht: 6840 kg

Preis: 35.300,- RM

Sonstiges:
DL 28 - 3

Leiteraufbau Bj. 1921 von Faun-Fahrgestell Bj. 1919

durch Luftangriff zerstört
Vollgummibereifung

DL 28

Kennzeichen: IIN 18657
Pol 11582

Baujahr: 1926
Zulassung: 23.02.1926
In Dienst:
Außer Dienst: 1945

Fahrzeughersteller:
MAN 3,5 to

Aufbauhersteller:
C.D. Magirus AG, Ulm

Stationiert auf
Feuerwache Kornmarkt

Motor: 4 Zyl.
Leistung: 55/65 PS
Hubraum:
Drehzahl:

Farbe:

Länge:
Höhe:
Breite:
Radstand:

Eigengewicht: 6120 kg
Gesamtgewicht: 6850 kg

Preis: 35.300,- RM

Sonstiges:
DL 28 - 1

Leiteraufbau Bj. 1921 von Faun-Fahrgestell Bj. 1915

1945 durch Luftangriff zerstört

KL

Kennzeichen: N -2604
AB 777 788
IIN 18656
Pol 11579
BY 699414

Baujahr: 1935
Zulassung: 13.07.1935
Außer Dienst: 11.1963

Fahrzeughersteller:
Daimler Benz LoD 3500

Aufbauhersteller:
Carl Metz, Karlsruhe

Stationiert auf
Feuerwache Kornmarkt

Motor: 6 Zyl. OM 67
Leistung: 95 PS
Hubraum: 7360 ccm
Drehzahl:

Farbe: RAL 3000

Länge: 9250 mm
Höhe: 2900 mm
Breite: 2100 mm
Radstand: 4600 mm

Eigengewicht: 9040 kg
Gesamtgewicht: 9900 kg

Preis: 37.500,- RM

Sonstiges:
KL - 1

ab 1945 ML 31 - 3
ab 1950 DL 31 - 3
ab 1956 FW 1; KDL 31-1
ab 1960 DL 31 - 2

DL

Kennzeichen: AB 777780
IIN 18659
Pol 11583
BY 699428

Baujahr: 1936
Zulassung: 29.07.1936
In Dienst: 07.08.1936
Außer Dienst: 06.1956

Fahrzeughersteller:
Daimler Benz LoD 3750

Aufbauhersteller:
Carl Metz, Karlsruhe

Stationiert auf FW 1

Motor: 6 Zyl.
Leistung: 95 PS
Hubraum: 7417 ccm
Drehzahl: 2200

Farbe:

Länge: 9700 mm
Höhe: 2800 mm
Breite: 2200 mm
Radstand:

Eigengewicht: 8920 kg
Gesamtgewicht:10000 kg

Preis: 37.800,- RM

Sonstiges:
DL 31

ab 1945 ML 31 - 1
ab 1950 DL 31 - 1

DL

Kennzeichen: N - 2606
AB 777 792
IIN 18662
Pol 11581
BY 699449

Baujahr: 1940
Zulassung: 12.12.1940
In Dienst: 14.01.1941
Außer Dienst: 04.1962

Fahrzeughersteller:
Daimler Benz LoD 3750

Aufbauhersteller:
Carl Metz, Karlsruhe

Stationiert auf FW 2

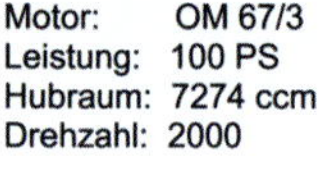
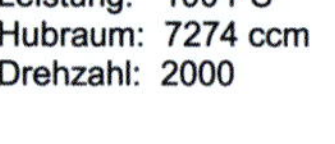

Motor: OM 67/3
Leistung: 100 PS
Hubraum: 7274 ccm
Drehzahl: 2000

Farbe: Grau

Länge: 9700 mm
Höhe: 2800 mm
Breite: 2150 mm
Radstand:

Eigengewicht: 9280 kg
Gesamtgewicht:10000 kg

Preis: 41.000,- RM

Sonstiges:
DL 31

ab 1945 ML 31 - 4
ab 1950 DL 31 - 4

Kraneinrichtung mit
Stützen
Flaschenzug 3 t
30 m Leiterlänge

DL 22

Kennzeichen: N - 2605
AB 777 784
BY 699450

Baujahr: 1942
Zulassung: 11.1946
In Dienst: 1946
Außer Dienst: 1962

Fahrzeughersteller:
Daimler Benz L 4500 SC

Aufbauhersteller:
Klöckner-Humboldt-Deutz

Stationiert auf FW 1

Motor: 6 Zyl.
OM 67/4
Leistung: 112 PS
Hubraum: 7274 ccm
Drehzahl: 2250

Farbe: RAL 3000

Länge: 7600 mm
Höhe: 3000 mm
Breite: 2350 mm
Radstand: 4600 mm

Eigengewicht: 7500 kg
Gesamtgewicht:10960 kg

Sonstiges:
DL 22 - 2
ab 1946 ML 22 - 2
ab 1950 DL 22 - 2
ab 12.1960 FW 2

Baugleich

AB 777800; DL 22 - 6
Baujahr: 1944
Außer Dienst: 20.01.1951

DL 22

Kennzeichen: AB 777799
BY 699429

Baujahr: 1942
Zulassung:
In Dienst:
Außer Dienst: 07.1953

Fahrzeughersteller:
Daimler Benz L 4500 S

Aufbauhersteller:
Klöckner-Humboldt-Deutz

Stationiert auf FW 1

Motor: 6 Zyl.
Leistung: 95 PS
Hubraum: 7270 ccm
Drehzahl: 2000

Farbe:

Länge:
Höhe:
Breite:
Radstand:

Eigengewicht: 7690 kg
Gesamtgewicht: 10960 kg

Sonstiges:
DL 22 - 5

ab 1945 ML 22 - 5
ab 1950 DL 22 - 5
Reserve FW 1

Nur als Teilansicht von hinten

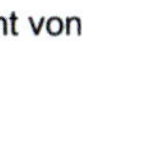

KDL 30

Kennzeichen: N - 2100

Baujahr: 1956
Zulassung: 09.08.1956
In Dienst:
Außer Dienst: 01.1973

Fahrzeughersteller:
MAN 630 L2

Aufbauhersteller:
Carl Metz, Karlsruhe

Stationiert auf
Feuerwache Kornmarkt

Motor: 6 Zyl. Diesel
Leistung: 150 PS
Hubraum: 9180 ccm
Drehzahl:

Farbe: RAL 3000

Länge: 9100 mm
Höhe: 3250 mm
Breite: 2500 mm
Radstand: 4600 mm

Eigengewicht: 11000 kg
Gesamtgewicht: 12500 kg

Preis: 86.738.- DM

Sonstiges:
KDL 30 - 3

ab 1964 FW 1; DL 30 - 5
ab 1970 - 71 FW 3
DL 30 - 5; Florian 45

KDL 30

Kennzeichen: N - 2887

Baujahr: 1959
Zulassung: 26.03.1960
In Dienst:
Außer Dienst: 06.1975

Fahrzeughersteller:
MAN 520 L1

Aufbauhersteller:
Carl Metz, Karlsruhe

Stationiert auf FW 2
Funkrufname: Fl. 52

Motor: 6 Zyl.
Leistung: 120 PS
Hubraum: 5850 ccm
Drehzahl: 2700

Farbe: RAL 3000

Länge: 9300 mm
Höhe: 3250 mm
Breite: 2350 mm
Radstand: 4800 mm

Eigengewicht:
Gesamtgewicht: 10600 kg

Preis: 98.000.- DM

Sonstiges:
KDL 30 - 4
ab 196? DL 30 - 2
ab 1971 FW 1, Fl. 42
ab 197? DL 4; Fl. 44
ab 1975 Fl. 1/30/2

Baugleich
N - 2886; DL 30 -1
Baujahr: 1959
Außer Dienst: 01.1974

DL 30

Kennzeichen: N - 2358

Baujahr: 1964
Zulassung: 1964
In Dienst: 17.08.1964
Außer Dienst: 08.1987

Fahrzeughersteller:
MAN 635 H.DL

Aufbauhersteller:
Carl Metz, Karlsruhe

Stationiert auf FW 1
Funkrufname: Fl. 51

Motor: 6 Zyl. Diesel D 0836 M4
Leistung: 135 PS
Hubraum: 7030 ccm
Drehzahl: 2500

Farbe: RAL 3000
ab 1977 RAL 3024

Länge: 9200 mm
Höhe: 3200 mm
Breite: 2320 mm
Radstand: 4900 mm

Eigengewicht: 9575 kg
Gesamtgewicht: 11500 kg

Preis: 121.223.- DM

Sonstiges:
DL 30 - 1
ab 1971 Fl. 41
ab 1974 FW 2; DL 30 - 2
Fl. 42
ab 1975 Fl. 2/30/1
ab 1975 FW 1; DL 4
Florian 1/30/2
ab 1977 DL 5; Fl. 1/30/2

DL 30

Kennzeichen: N - 2308

Baujahr: 1963
Zulassung: 29.11.1963
In Dienst:
Außer Dienst: 04.1987

Fahrzeughersteller:
MAN 635 H.DL

Aufbauhersteller:
Carl Metz, Karlsruhe

Stationiert auf FW 3
Funkrufname: Fl. 53

Motor: 6 Zyl. D 0836 M2
Leistung: 135 PS
Hubraum: 7030 ccm
Drehzahl: 2500

Farbe: RAL 3000
ab 1977 RAL 3024

Länge: 9100 mm
Höhe: 3200 mm
Breite: 2330 mm
Radstand: 4900 mm

Eigengewicht: 9610 kg
Gesamtgewicht: 11500 kg

Preis: 117.481.- DM

Sonstiges:
DL 30 - 3

ab 1971 Fl. 43
ab 1975 FW 1; Fl. 1/30/1
ab 1975 FW 2; DL 5
Florian 1/30/3
ab 1977 DL 6; Fl. 4/30/2

DL 30

Kennzeichen: N - 2272

Baujahr: 1973
Zulassung: 14.01.1974
In Dienst:
Außer Dienst: 12.1987

Fahrzeughersteller:
MAN 13.168 H.DL

Aufbauhersteller:
Klöckner-Humboldt-Deutz

Stationiert auf FW 1
Funkrufname: Fl. 41

Motor: 6 Zyl. D 0846 HMY
Leistung: 168 PS
Hubraum: 7207 ccm
Drehzahl:

Farbe: RAL 3024

Länge: 9600 mm
Höhe: 3230 mm
Breite: 2490 mm
Radstand: 5000 mm

Eigengewicht: 11680 kg
Gesamtgewicht:13800 kg

Preis: 262.875.- DM

Sonstiges:
DL 30 - 1

ab 1975 Fl. 1/30/1
ab 1987 kurzfristig DLK 5
Florian 1/30/2

DL 30

Kennzeichen: N - 2249
Farbe: RAL 3024

Baujahr: 1974
Zulassung: 23.01.1975
In Dienst:
Außer Dienst: 07.1996

Länge: 9600 mm
Höhe: 3230 mm
Breite: 2490 mm
Radstand: 5000 mm

Fahrzeughersteller:
MAN 13.168 H.DL

Eigengewicht: 11590 kg
Gesamtgewicht:13800 kg

Aufbauhersteller:
Klöckner-Humboldt-Deutz

Preis: 290.000,- DM

Stationiert auf FW 2
Funkrufname: 2/30/1

Sonstiges:
DL 30 - 2

ab 1987 FW 1; DL 5
Florian 1/30/2
ab 04.1996 FW 4; DL 4/3
Florian 4/30/3

Motor: 6 Zyl.
D 0846 HMY
Leistung: 168 PS
Hubraum: 7207 ccm
Drehzahl:

DL 30

Kennzeichen: N - 2219
Farbe: RAL 3024

Baujahr: 1975
Zulassung: 18.09.1975
In Dienst:
Außer Dienst: 04.1995

Länge: 9600 mm
Höhe: 3230 mm
Breite: 2490 mm
Radstand: 5000 mm

Fahrzeughersteller:
MAN 13.168 H.DL

Eigengewicht: 11600 kg
Gesamtgewicht:13800 kg

Aufbauhersteller:
Klöckner-Humboldt-Deutz

Preis: 304.000.- DM

Stationiert auf FW 3
Funkrufname: 3/30/1

Sonstiges:
DL 30 - 3

ab 1986 FW 4; DL 6
Fl. 4/30/2
seit 06.2009 zurück an
Museum

Motor: 6 Zyl. Diesel
D 0846 HMY
Leistung: 168 PS
Hubraum: 7207 ccm
Drehzahl:

DL 23/12

Kennzeichen: N - 2620
Farbe: RAL 3024

Baujahr: 1985
Zulassung: 25.03.1986
In Dienst:
Außer Dienst: 07.2005

Länge: 9500 mm
Höhe: 3150 mm
Breite: 2500 mm
Radstand:

Fahrzeughersteller:
MAN 12.192 F

Eigengewicht: 10720 kg
Gesamtgewicht:12000 kg

Aufbauhersteller:
Iveco-Magirus AG, Ulm

Sonstiges:
DLK 23/12 - 3

Stationiert auf FW 3
Funkrufname: 3/30/1

ab 1.12.2004 FW 4;
DL 4/4 Fl. 4/30/4

Motor: 6 Zyl. Diesel
Leistung: 192 PS
Hubraum: 5687 ccm
Drehzahl:

07.2005 an BF Skopje
verschenkt

DL 23/12

Kennzeichen: N - 2939

Baujahr: 1988
Zulassung: 22.03.1989
In Dienst:
Außer Dienst: 07.2006

Fahrzeughersteller:
MAN 12.192 F

Aufbauhersteller:
Carl Metz, Karlsruhe

Stationiert auf FW 4
Funkrufname: 4/30/1

Motor: 6 Zyl. Diesel
Leistung: 192 PS
Hubraum: 5687 ccm
Drehzahl:

Farbe: RAL 3024

Länge: 8500 mm
Höhe: 3000 mm
Breite: 2500 mm

Eigengewicht: 10675 kg
Gesamtgewicht: 11800 kg

Sonstiges:
DLK 23/12 - 4
ab 1996 DL 4/2; Fl. 4/30/2

Baugleich

N -2428; DL 23/12 - 1
Baujahr: 1987
Außer Dienst: 07.2006

N - 2871; DL 23/12 - 2
Baujahr: 1987
Außer Dienst: 07.2005

DL 23/12

Kennzeichen: N - 20507

Baujahr: 1995
Zulassung: 11.01.1996
In Dienst: 01.04.1996
Außer Dienst: 2015

Fahrzeughersteller:
MAN 14.222 FL Typ M04

Aufbauhersteller:
Carl Metz, PLC 3

Stationiert auf FW 4
Funkrufname: 4/30/1

Motor: 6 Zyl.
Leistung: 220 PS
Hubraum: 6596 ccm
Drehzahl: 2600

Farbe: RAL 3000/9010

Länge: 10000 mm
Höhe: 3170 mm
Breite: 2500 mm
Radstand: 4400 mm

Eigengewicht:
Gesamtgewicht:15000 kg

Sonstiges:
DLK 23/12 - 4/1

ab 2004 DLK 4/2
Florian 4/30/2
ab 2006 DLK 4/3
Fl. 4/30/3

Baugleich

N - 20506; DLK 23/12 1/1
Baujahr: 1995
Außer Dienst: 2018

DL 23/12

Kennzeichen: N - 2446

Baujahr: 2004
Zulassung:
In Dienst:
Außer Dienst:

Fahrzeughersteller:
MAN 15.225 LC

Aufbauhersteller:
Iveco Magirus, Ulm
DLK 23-12 Vario CS

Motor: 6 Zyl.
Leistung: 220 PS
Hubraum: 6871 ccm
Drehzahl: 2400

Farbe: RAL 3000/9010

Länge: 9750 mm
Höhe: 3270 mm
Breite: 2500 mm
Radstand: 4575 mm

Eigengewicht: 13200 kg
Gesamtgewicht: 14500 kg

Sonstiges:
DLK 23/12 - 2

Baugleich:

N - 20610; DLK 23/12 - 1
Baujahr: 2005

N - 2447; DLK 23/12 - 3
Baujahr: 2004
ab 2017 Fl. 6/30/3

N - 2448; DLK 23/12 - 4
Baujahr: 2004
ab 2017 Fl. 6/30/2

N - 2445; DLK 23/12 - 1/1
Baujahr: 2004
ab 2006 FW 4; Fl. 4/30/2
ab 2010 Fl. 6/30/1

N - 20609; DLK 23/12 - 5
Baujahr: 2005

DLK 23/12

Kennzeichen: N-FW 3301 Farbe: RAL 3000/9010

Baujahr: 2017
Zulassung:
In Dienst:
Außer Dienst:

Fahrzeughersteller:
Mercedes Benz
Atego Euro VI

Aufbauhersteller:
Magirus M 32 L-AS

Stationiert auf FW 3
Funkrufname: 3/30/1

Motor: 6 Zyl. Diesel
Leistung: 299 PS
Hubraum: 7698 ccm
Drehzahl:

Länge: 10040 mm
Höhe: 3250 mm
Breite: 2500 mm
Radstand: 4760 mm

Eigengewicht: 14270 kg
Gesamtgewicht: 15500 kg

Sonstiges:
DL 23/12 - 3

Baugleich:
N-FW 4301; DL 23/12 - 4
Baujahr: 2017
FW 4; Florian 4/30/1

Löschzug mit Pferdebespannung FW 1, um 1910

Gemischter Löschzug FW 1, um 1920

Der Löschzug der Feuerwache OST

um 1929

Mech. Leiter - 4 Braun Premier
BJ 1912

GW - 4 MAN
BJ 1929

PW - 4 Braun Premier
BJ 1912

Löschzug FW 2, etwa 1929

Löschzug FW 1 (50 Jahrfeier der BF, 1925)

Löschzug FW 1, etwa 1962

Löschzug FW 1 mit Sonderfahrzeug, etwa 1963

Waldbrandzug, um 1970

Löschzug FW 1, um 1980

Löschzug FW 2, etwa 1983

Löschzug FW 4, um 1980

Löschzug FW 2, etwa 1983

Löschzug FW 3 mit Klaf und GW-Öl, etwa 1985

Löschzug FW 2 , etwa 1985

Löschzug FW 1, um 2010

Löschzug FW 1, 2019

Rüstzug FW 4, etwa 1983

Drei Generationen Rüstwagen

Drei Generationen Lastkraftwagen

Drei Generationen Drehleitern

Einleitung Rüst- und Gerätewagen

Bereits in den Anfangsjahren der Städtischen Feuerwehr wurde erkannt, dass nicht nur der Brandschutz sicher zu stellen war, sondern auch im Bereich der Technischen Hilfeleistung Vorkehrungen getroffen werden mussten. In der pferdebespannten Zeit wurden auf den Requisitenwagen einfache Geräte für Rettungsmaßnahmen mitgeführt. Mit der Motorisierung des Fahrzeugparks wurde von Branddirektor Wolfermann ein spezieller Rettungswagen (ehemalige Bezeichnung der Rüstwagen) konzipiert, der von der Nürnberger Firma Hercules gefertigt wurde. Dieses Fahrzeug war das erste Automobil der Berufsfeuerwehr Nürnberg und bildete den Anfang einer Reihe von Spezialfahrzeugen zur technischen Rettung. Auf den Gerätewagen wurde noch eine kleine Ausrüstung zur technischen Rettung verlastet.

Die Motorleistung des ersten Rüstwagens (Baujahr 191 2) erwies sich als zu schwach, deshalb wurde 1920 der Aufbau abgenommen und auf ein stärkeres Opel Fahrgestell gesetzt. Dieses Fahrzeug war bis kurz vor dem Zweiten Weltkrieg im Einsatz und wurde durch einen Mercedes-Benz Rüstwagen ersetzt. Dieser verfügte bereits über einen mechanischen Kranausleger am Heck, deshalb könnte man ihn als ersten Rüstkranwagen bezeichnen. Das Fahrzeug ging in den Nachkriegswirren verloren.

Nach dem Krieg wurden bis zur Indienstellung des Rüstkranwagens RKW 10 (das Fahrzeug erhielt von den Feuerwehrmännern den Spitznamen Andrea Doria) im Jahr 1955, Kraftfahrspritzenfahrzeuge zu Rüstwagen ertüchtigt. Hierfür wurden diese mit Geräten zur technischen Rettung beladen. Die folgenden Rüstwagen wurden nach der jeweils gültigen Norm angeschafft.

Gerätewagen Strahlenschutz, Öl

Die Feuerwehr Nürnberg musste ihr Fahrzeugkonzept immer wieder dem aktuellen Einsatzgeschehen anpassen. Um den veränderten Ansprüchen gerecht zu werden, wurden spezielle Fahrzeugkonzepte entworfen. Was wir heute als Spezialfahrzeug mit DIN-Norm kennen, hatte in Nürnberg oft einen improvisierten Anfang.

Der erste Gerätewagen-Strahlenschutz war ein ehemaliger Beleuchtungswagen, der zusätzlich mit einer Strahlenschutzausrüstung beladen wurde. Dieser GW-Str bildete die Grundlage für den heutigen Gerätewagen-Messtechnik. Die Anfänge im Bereich der Ölschadensbekämpfung wurden mit einem umgebauten Tragkraftspritzenanhänger bestritten. Als Zugfahrzeug wurde der Gerätewagen-Strahlenschutzeingesetzt. Die Vorgängerfahrzeuge für den Gerätewagen-Gefahrgut (GW-G) waren der Rüstwagen-Öl und der Abrollbehälter-Gefahrgut.

Kleinalarmfahrzeuge (Klaf)

Das erste Klaf, das bei der Berufsfeuerwehr Nürnberg in Dienst gestellt wurde, war ein in den feuerwehreigenen Werkstätten umgebauter Fiat 238. Das Fahrzeug wurde 1972 von der Freiwilligen Feuerwehr Fischbach übernommen, bei der es als Kombi im Dienst war. Bis in die 1990er Jahre wurden die Aufbauten in den Werkstätten der Berufsfeuerwehr eingerichtet.

Rettungswagen

Die Berufsfeuerwehr Nürnberg fährt zwar nicht regulär im öffentlichen Rettungsdienst, verfügt aber für die Ausbildung der Rettungssanitäter und für die Spitzenlastabdeckung des Rettungsdienstes über einen Rettungswagen. Der erste Rettungswagen wurde 1989 angeschafft und 2012 durch ein weiteres Fahrzeug ergänzt. Der erste Rettungswagen wird seitdem nur noch zur Ausbildung innerhalb der Feuerwache eingesetzt. Beide Fahrzeuge sind keine Normrettungswagen, sondern verfügen über Geräte und Ausrüstung, die zusätzlich verlastet sind, zum Beispiel Lukas, CO-Messgeräte und Schwergewichtigen-Tragetuch.

Feuerwehrkrane

Die imposantesten Fahrzeuge im Fuhrpark der Berufsfeuerwehr Nürnberg stellen die Feuerwehrkrane dar. Schon kurz nach der Beschaffung des ersten Rüstwagens mit Kraneinrichtung im Jahr 1936 erkannte man, dass der Kranausleger oft zu kurz war und die maximale Hubleistung nur direkt neben dem Fahrzeug erreicht werden konnte. Dies führte dazu, dass nach dem Zweiten Weltkrieg neben den Rüstkranwagen spezielle Kranwagen angeschafft wurden. Die Geschichte der Feuerwehrkrane beginnt 1951 mit dem sogenannten Ami-Kran. Die Feuerwehr Nürnberg bekam von der amerikanischen Militärbehörde einen Kranwagen der Marke "Ward La France Division" mit einer Hubkraft von 7 t zu Verfügung gestellt. Nachdem die Feuerwehr Nürnberg für jedes Fahrzeug eine Redundanz vorhält, wurde für den Feuerwehr-Kran (Ward La France) der RKW 10 als Ersatzfahrzeug vorgehalten. Dem Ami-Kran folgten weitere Kranwagen. Heute bildet der Feuerwehrkran (KW 50) mit dem Gerätewagen-Kran ein Duo.

Radlader

Zwischen 1971 und 1983 verfügte die Feuerwehr Nürnberg über einen eigenen Radlader. Angeschafft wurde er im Jahr 1971, nachdem ein Stück der Stadtmauer eingestürzt war und kein schweres Räumgerät zu Verfügung stand. Er wurde bei vielen Kohle-, Schrottplatz- und Papierlagerbränden eingesetzt. Bei der Wohnhausexplosion 1986 war er in den Anfangsstunden eines der wichtigsten Einsatzmittel. Die hohen Wiederbeschaffungskosten und die Ausstattung des THW mit schweren Räumgerät trugen dazu bei, dass das Fahrzeug nicht ersetzt wurde.

Gerätewagen Atemschutz und Wasserrettung

Der erste Wasserrettungswagen (1952) war ein umgebautes Magirus LF 25. Diesem folgte ein Unimog, der für die Bedürfnisse der Wasserrettung umgebaut wurde. Er diente zudem als Zugfahrzeug für den Feuerwehranhänger Taucherfähre. Nachdem der Unimog unerwartet außer Dienst gestellt werden musste, wurde wieder ein ehemaliges LF 16 provisorisch zum WRW umgebaut. Diesem Provisorium folgte der erste GW-AW, der es der Besatzung ermöglichte, sich während der Fahrt mit den Tauchgeräten auszurüsten.

Gerätewagen (historisch)

GW

Kennzeichen: IIN ?

Baujahr: ?
Zulassung: 06.1921
In Dienst:
Außer Dienst: 1935

Fahrzeughersteller:
Faun B2 3,5 to

Aufbauhersteller:
Berufsfeuerwehr Nürnberg

Stationiert auf Feuerwache Kornmarkt

Motor: 4 Zyl.
Leistung: 45 PS
Hubraum:
Drehzahl:

Farbe:

Länge:
Höhe:
Breite:
Radstand:

Eigengewicht:
Gesamtgewicht: 5420 kg

Sonstiges:
GW 1

Fahrgestell von Heeresverwaltung

ab 1930 FW 1; GW - 2

1935 verschrottet DL 28-1
Faun beachten!!!!

GW

Kennzeichen: Pol 11554

Baujahr: 1929
Zulassung: 08.1929
In Dienst:
Außer Dienst: 1945

Fahrzeughersteller:
MAN 3,5 to

Aufbauhersteller:
Berufsfeuerwehr Nürnberg

Stationiert auf FW 2

Motor: 4 Zyl.
Leistung: 65 PS
Hubraum:
Drehzahl:

Farbe:

Länge: 6800 mm
Höhe: 3000 mm
Breite: 2220 mm
Radstand:

Eigengewicht: 5200 kg
Gesamtgewicht: 7600 kg

Sonstiges:
GW - 4

1935 Umbau zu AW - 5
Luftbereifung

GW

Kennzeichen: Pol 11553

Baujahr: 1930
Zulassung: 1930
In Dienst:
Außer Dienst: 1945

Fahrzeughersteller:
MAN 2,5 to

Aufbauhersteller :
Berufsfeuerwehr Nürnberg

Stationiert auf Feuerwache Kornmarkt

Motor: 4 Zyl.
Leistung: 55/65PS
Hubraum: 7472 ccm
Drehzahl:

Farbe:

Länge:
Höhe:
Breite:
Radstand:

Eigengewicht:
Gesamtgewicht: 5500 kg

Preis: 1500,- RM

Sonstiges:
GW - 1

1935 Umbau zu AW - 4
Luftbereifung

GW

Kennzeichen: IIN ?

Baujahr: 1919
Zulassung:
In Dienst:
Außer Dienst:

Fahrzeughersteller:
Opel 3 to

Aufbauhersteller:
Berufsfeuerwehr Nürnberg

Stationiert auf FW 1

Motor:
Leistung: 40 PS
Hubraum:
Drehzahl:

Farbe:

Länge:
Höhe:
Breite:
Radstand:

Eigengewicht:
Gesamtgewicht:

Sonstiges:
GW - 3

GW

Kennzeichen: Pol 11552

Baujahr: 1931
Zulassung: 06.1931
In Dienst:
Außer Dienst: 1945

Fahrzeughersteller:
MAN 2,5 to

Aufbauhersteller:
Berufsfeuerwehr
Nürnberg

Stationiert auf FW 1

Motor: 4 Zyl.
Leistung: 55/65PS
Hubraum: 7472 ccm
Drehzahl:

Farbe:

Länge:
Höhe:
Breite:
Radstand:

Eigengewicht:
Gesamtgewicht: 5500 kg

Sonstiges:
GW - 3

1935 Umbau zu AW 3

GW

Kennzeichen: IIN ?

Baujahr: 1919
Zulassung: ?
In Dienst:
Außer Dienst:

Fahrzeughersteller:
Opel 3to

Aufbauhersteller:
Berufsfeuerwehr
Nürnberg

Stationiert auf FW 2

Motor:
Leistung: 40 PS
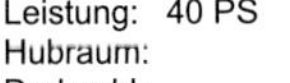
Hubraum:
Drehzahl:

Farbe:

Länge:
Höhe:
Breite:
Radstand:

Eigengewicht:
Gesamtgewicht:

Sonstiges:
GW - 4

GW

Kennzeichen: IIN ?

Baujahr: 1914
Zulassung: 15.12.1914
In Dienst:
Außer Dienst:

Fahrzeughersteller:
Opel 3 to

Aufbauhersteller:
Berufsfeuerwehr
Nürnberg

Stationiert auf
Feuerwache Kornmarkt

Motor:
Leistung: 55 PS
Hubraum:
Drehzahl:

Farbe:

Länge:
Höhe:
Breite:
Radstand:

Eigengewicht:
Gesamtgewicht: 4512 kg

Sonstiges:
GW - 1

1921 Umbau zu PW - 3

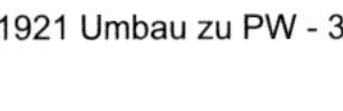

Rettungswagen (heute Rüstwagen)

RW

Kennzeichen: IIN ?

Baujahr: 1912
Zulassung: 12.1912
In Dienst:
Außer Dienst: 1928

Fahrzeughersteller:
Hercules, Nürnberg

Aufbauhersteller:
BFN

Stationiert auf FW 2

Motor: 4 Zyl. Otto
Fa. Breuer
Höchst a. Main
Leistung: 30 PS
Hubraum:
Drehzahl:

Farbe:

Länge:
Höhe:
Breite:
Radstand:

Eigengewicht:
Gesamtgewicht: 4700 kg

Preis: 12.250,- RM

Sonstiges:
RW - 1

5 Mann Besatzung
Vollgummibereift
ab 1916 zur Feuerwache Kornmarkt

RW

Kennzeichen: IIN ?

Baujahr: 1919
Zulassung: 1919
In Dienst:
Außer Dienst:

Fahrzeughersteller:
Faun 3 to

Aufbauhersteller:
BFN

Stationiert auf
Feuerwache Kornmarkt

Motor:
Leistung: 23/40 PS
Hubraum:
Drehzahl:

Farbe:

Länge:
Höhe:
Breite:
Radstand:

Eigengewicht:
Gesamtgewicht:

Sonstiges:
RW - 1

Aufbau v. RW - 1; Bj 1912
(Hercules)

RW

Kennzeichen: IIN 18663
Pol 11567
BY 699417

Baujahr: 1928
Zulassung: 19.12.1928
Außer Dienst: 1948

Fahrzeughersteller:
MAN 2,5 to

Aufbauhersteller:
BFN

Stationiert auf
Feuerwache Kornmarkt

Motor:
Leistung: 65 PS
Hubraum: 7427 ccm

Drehzahl:
Farbe:

Länge: 6950 mm
Höhe: 2800 mm
Breite: 2250 mm
Radstand: mm

Eigengewicht: 5260 kg
Gesamtgewicht: 7355 kg

Sonstiges:
RW - 1

Aufbau v. RW - 1; Bj 1912
(Hercules)
ab 1937 FW 1

Riesenluftreifen

RW

Kennzeichen: IIN 18662
Pol 11566

Baujahr: 1937
Zulassung: 08.06.1937
In Dienst:
Außer Dienst: 01.1945

Fahrzeughersteller:
Daimler Benz L 3750

Aufbauhersteller:
Carl Metz, Karlsruhe

Stationiert auf
Feuerwache Kornmarkt

Motor:
Leistung: 95 PS
Hubraum:

Drehzahl:
Farbe:

Länge:
Höhe:
Breite:
Radstand:

Eigengewicht:
Gesamtgewicht:

Sonstiges:
RW - 1
mit Kraneinrichtung

am 2.Januar 1945 bei
Luftangriff verbrannt

RKW-10

Kennzeichen: N - 2610
AB 777 786

Baujahr: 1955
Zulassung: 29.12.1955
In Dienst:
Außer Dienst: 10.1978

Fahrzeughersteller:
MAN 758 L1

Aufbauhersteller :
Carl Metz / Demag

Stationiert auf
Feuerwache Kornmarkt
Funkrufname: Fl. 5

Motor: 8 Zyl.
Leistung: 155 PS
Hubraum: 10570 ccm
Drehzahl:

Farbe: RAL 3000

Länge: 8330 mm
Höhe: 3200 mm
Breite: 2500 mm
Radstand: 5000 mm

Eigengewicht: 13840 kg
Gesamtgewicht:15830 kg

Sonstiges:
RKW - 10

ab 1969 FW 1; Fl. 41
ab 1970-71 Fl. 53
ab 1975 1/64/2
ab 1977 1/64/1

1995 restauriert
ab 04.1996 im Besitz
Museum Industriekultur

RüW

Kennzeichen: N - 2703

Baujahr: 1958
Zulassung:
In Dienst:
Außer Dienst: 1973

Fahrzeughersteller:
MAN 415 HA

Aufbauhersteller:
Carl Metz, Karlsruhe

Stationiert auf
Feuerwache Kornmarkt
Funkrufname: Fl. 47

Motor: 6 Zyl. Diesel
Leistung: 120 PS
Hubraum:
Drehzahl:

Farbe: RAL 3000

Länge:
Höhe:
Breite:
Radstand:

Eigengewicht: 6430 kg
Gesamtgewicht:10200 kg

Sonstiges:
RüW - 1

ab 10.1967 FW 1
ab 1971 Fl. 54

RüW

Kennzeichen: N - 2612
AB 777794
IIN 26110
BY 699416

Baujahr: 1943
Zulassung: 28.08.1947
In Dienst:
Außer Dienst: 07.1959

Fahrzeughersteller:
KHD S 4500

Aufbauhersteller:
Klöckner-Humboldt-Deutz

Stationiert auf FW 1
Funkrufname: Fl. 3

Motor:
Leistung: 100 PS
Hubraum: 7279 ccm
Drehzahl:

Farbe: RAL 3000

Länge: 7800 mm
Höhe: 2850 mm
Breite: 2400 mm
Radstand:

Eigengewicht: 5910 kg
Gesamtgewicht:10850 kg

Sonstiges:
RüW - 1
ex. Großer Schlauchkraftwagen des RLM Typ S 4

in Dienst 05.1943
ab 1956 als RÜW - 1 zur Feuerwache Kornmarkt

RW

Kennzeichen: BN - 8531

Baujahr: 1971
Zulassung: 29.06.1972
In Dienst:
Außer Dienst: 1973

Fahrzeughersteller:
Magirus FM 120 D 7 FA

Aufbauhersteller:
Magirus

Stationiert auf FW 1
Funkrufname:

Motor: F 6 L912
Leistung: 88 kW/120 PS
Hubraum: 5616 ccm
Drehzahl: 2800

Farbe: RAL 3024

Länge: 6200 mm
Höhe: 2900 mm
Breite: 2350 mm
Radstand: 3150 mm

Eigengewicht:
Gesamtgewicht:

Sonstiges:
RW - 1

1973/74 zur FF Neustadt/Aisch
Kennzeichen NEA - 8100
1980 zur FF Kammerstein
Kennzeichen RH - 8140
19? zur FF Allersberg
EKS Fahrzeug

RW 3

Kennzeichen: N - 2382

Baujahr: 1973
Zulassung: 27.02.1973
In Dienst:
Außer Dienst: 11.1992

Fahrzeughersteller:
MAN 15.216 HA.K

Aufbauhersteller:
Carl Metz, Karlsruhe

Stationiert auf FW 1
Funkrufname: Fl. 54

Motor:
Leistung: 216 PS
Hubraum: 10278 ccm
Drehzahl: 2200

Farbe: RAL 3024

Länge:
Höhe:
Breite:
Radstand: 4300 mm

Eigengewicht: 9070 kg
Gesamtgewicht:15500 kg

Preis: ca. 225.500.- DM
Sonstiges:
RW - 3/1
ab 1975 Fl. 1/60/1
Generator 20 kVA
Rotationskompressor
Lichtmast mit 2 aufsteckbaren Flutlichtscheinw.
Rotzlerwinde 10 to
Seilwinde 100 kN
20 kVA Stromerzeuger
Spill

RW 2

Kennzeichen: N - 1544

Baujahr: 1976
Zulassung: 17.01.1977
In Dienst:
Außer Dienst: 12.2002

Fahrzeughersteller:
MAN 11.168 HA.LF

Aufbauhersteller:
Carl Metz, Karlsruhe

Stationiert auf FW 4
Funkrufname: 4/61/1

Motor: 6 Zyl. Diesel
Leistung: 168 PS
Hubraum: 9140 ccm
Drehzahl:

Farbe: RAL 3024

Länge: 7650 mm
Höhe: 3180 mm
Breite: 2450 mm

Eigengewicht: 8110 kg
Gesamtgewicht:12970 kg

Preis: 289.000.- DM

Sonstiges:
RW - 2/4
1992 Einbau von Rolläden
ab 1996 FW 2; RW - 2/2
Florian 2/61/1

Seilwinde 5 t, Lichtmast
20 kVA Stromerzeuger
2 x 1000 W Strahler
50 kN Seilwinde

RW 2

Kennzeichen: N - 20118

Baujahr: 1991
Zulassung: 06.12.1991
In Dienst:
Außer Dienst:

Fahrzeughersteller:
MAN 12.232 FA M01

Aufbauhersteller:
Albert Ziegler, Giengen

Stationiert auf FW 1
Funkrufname: 1/61/1

Motor: 6 Zyl. Reihe
Leistung: 230 PS
Hubraum: 6595 ccm
Drehzahl: 2600

Farbe: RAL 3024
ab 2006 RAL 3000/9010

Länge: 7900 mm
Höhe: 3120 mm
Breite: 2500 mm

Eigengewicht: 8370 kg
Gesamtgewicht:12000 kg

Sonstiges:
RW - 2/1
ab 08.1992 auf FW 2
ab 01.1996 auf FW 4
ab 07.2010 FF Worzeldorf Florian 24/58/1

2 x 1000 W LIchtmast
Seilwinde 50 kN
20 kVA Stromerzeuger
tragbar 5 kVA
Rettungssatz S150, SP45

RW 2

Kennzeichen: N - 2251
Farbe: RAL 3000/9010

Baujahr: 2001
Zulassung: 10.06.2002
In Dienst:
Außer Dienst:

Länge: 8100 mm
Höhe: 3380 mm
Breite: 2500 mm
Radstand:

Fahrzeughersteller:
MAN 14.225 LAC L80

Eigengewicht: 9060 kg
Gesamtgewicht: 13500 kg

Aufbauhersteller:
Albert Ziegler, Giengen

Sonstiges:
RW 2 - 4/1

ab 2010 RW 2 - 4/2
Florian 4/61/2

Stationiert auf FW 4
Funkrufname: 4/61/2

Motor: 6 Zyl. Reihe
Leistung: 220 PS
Hubraum: 6871 ccm
Drehzahl: 2400

Stromerzeuger 20 kVA
Seilwinde 50 kN
Lichtmast
Spill

RW 2

Kennzeichen: N - FW 403
Farbe: RAL 3000/9010

Baujahr: 2009
Zulassung: 14.01.2010
In Dienst: 06.2010
Außer Dienst:

Länge: 8100 mm
Höhe: 3230 mm
Breite: 2500 mm
Radstand: 4250 mm

Fahrzeughersteller:
MAN TGM 13.280 4x4 BL

Eigengewicht: 9910 kg
Gesamtgewicht: 15000 kg

Aufbauhersteller:
Albert Ziegler, Giengen

Sonstiges:
RW 2 - 4/1

Stationiert auf FW 4
Funkrufname: 4/61/1

Stromerzeuger 30 kVA
Seilwinde 50 kN
Lichtmast
Plasma-Schneidgerät

Motor: 6 Zyl.Diesel
Leistung: 280 PS
Hubraum: 6871 ccm
Drehzahl: 2300

RW-Öl

Kennzeichen: N - 2235
Farbe: RAL 3000

Baujahr: 1972
Zulassung: 01.08.1972
In Dienst: 30.01.1973
Außer Dienst: 1993

Länge:
Höhe:
Breite:
Radstand: 4200 mm

Fahrzeughersteller:
MAN 450 HA.LF Allr.

Eigengewicht: 6435 kg
Gesamtgewicht: 12400 kg

Aufbauhersteller:
Carl Metz, Karlsruhe

Sonstiges:
ab 1975 Fl. 3/66/1
ab 07.1992 Fl. 3/51/1

Stationiert auf FW 3
Funkrufname: Fl. 56

Stromerzeuger 20 kVA
Fa. A.v. Kaick, Ettlingen
2 x 1000 W Flutlicht-scheinwerfer, GEROH
Lichtkurbelmast

Motor: 6 Zyl.
Leistung: 156 PS
Hubraum: 6988 ccm
Drehzahl: 2500

Gerätewagen-Öl/Gefahrgut

GW-G 3

Kennzeichen: N - 2266
Farbe: RAL 3000/9010

Baujahr: 2001
Zulassung: 02.07.2002
In Dienst: 22.12.2002
Außer Dienst:

Länge: 8500 mm
Höhe: 3180 mm
Breite: 2500 mm
Radstand:

Fahrzeughersteller:
MAN 12.225 LC L2000

Eigengewicht: 8090 kg
Gesamtgewicht: 11990 kg

Aufbauhersteller:
Albert Ziegler, Giengen

Sonstiges:
Warnblitzanlage am Heck

Stationiert auf FW 3
Funkrufname: 3/52/1

Motor: 6 Zyl. Reihe
Leistung: 162 KW
Hubraum: 6871 ccm
Drehzahl: 2100

GW-Öl TS

Kennzeichen: N - 2621
Farbe: RAL 3000

Baujahr: 1985
Zulassung: 25.03.1986
In Dienst:
Außer Dienst:

Länge: 6075 mm
Höhe: 3000 mm
Breite: 2380 mm
Radstand: 3500 mm

Fahrzeughersteller:
Daimler-Benz L 608 D

Eigengewicht:
Gesamtgewicht: 5990 kg

Aufbauhersteller:
Felsl - Fahrzeugbau

Pumpe: TS8/8 M

Stationiert bei
FF Katzwang
Funkrufname: 26/81/1

Motor: 4 Zyl. Diesel
Leistung: 85 PS
Hubraum: 3758 ccm
Drehzahl: 2800

Sonstiges:
ab 07.1992 Fl. 26/50/1
1997 Umbau zu TSF als
FF Reserve auf FW 4
ab 09.1999 als TSF bei
FF Boxdorf
ab 10.2000 FW 4
ab 06.2006 GW-Werkstatt
Florian 4/59/2
ab 20?? Fl. 4/50/4

BLW (GW-S)

Kennzeichen: N - 2400
Farbe: RAL 3000

Baujahr: 1965
Zulassung: 24.3.1965
In Dienst:
Außer Dienst: 1992

Länge:
Höhe:
Breite:
Radstand:

Fahrzeughersteller:
MAN 520 HA.LF

Eigengewicht: 6110 kg
Gesamtgewicht:10700 kg

Aufbauhersteller:
Carl Metz, Karlsruhe

Sonstiges:
Beleuchtungswagen

Stationiert auf FW 1
Funkrufname: Fl. 46

Motor: 6 Zyl
Leistung: 120 PS
Hubraum: 5850 ccm
Drehzahl: 2700

ab 1971 Fl. 68
ab 1975 Gerätewagen
Strahlenschutz Fl. 1/95/1
ab 07.1992 Fl. 1/53/1
25 kVA Stromerzeuger
Sirene und Lautsprecher-
anlage am Dach

GW-Mess

Kennzeichen: N - 2230

Baujahr: 1992
Zulassung: 13.10.1992
In Dienst:
Außer Dienst:

Fahrzeughersteller:
MAN/VW 8.150 F

Aufbauhersteller:
Albert Fahrzeugbau
BFN

Stationiert auf FW 1
Funkrufname: 1/96/1

Motor: 4 Zyl.
Leistung: 110kW/150PS
Hubraum: 6871 ccm
Drehzahl: 2800

Farbe: RAL 3000/9010

Länge: 6600 mm
Höhe: 3150 mm
Breite: 2500 mm
Radstand: 3570 mm

Eigengewicht: 5940 kg
Gesamtgewicht: 7490 kg

Sonstiges:

ab 2014 Fl. 1/66/1
Lichtmast 2 x1000 W
3,5 kVA Stromerzeuger

GW-Waldbrand

Kennzeichen: N - 2955

Baujahr: 1961
Zulassung:
In Dienst:
Außer Dienst: 1978

Fahrzeughersteller:
Daimler-Benz Unimog
S 404

Aufbauhersteller:
Carl Metz, Karlsruhe

Stationiert auf FW 1
Funkrufname: Fl. 40

Motor: Benzinmotor
Leistung: 80 PS
Hubraum: 2195 ccm
Drehzahl:

Farbe: RAL 3000

Länge:
Höhe:
Breite:
Radstand:

Eigengewicht: 2900 kg
Gesamtgewicht: 4400 kg

Sonstiges:
Waldbrandwagen (WBW)

ab 1969 Fl. 40
ab 1971 Fl. 63
ab 1975 Fl. 1/63/1

GW-Kran

Kennzeichen: N - 20908

Baujahr: 1999
Zulassung: 20.08.1999
In Dienst:
Außer Dienst:

Fahrzeughersteller:
MAN 18.264 LAC L 90

Aufbauhersteller:
Hensel Fahrzeugbau
Kran: Palfinger AG

Stationiert auf FW 4
Funkrufname: 4/59/1

Motor: 6 Zyl.
Leistung: 191 KW
Hubraum: 6871 ccm
Drehzahl: 2400

Farbe: RAL 3000/9010

Länge: 7550 mm
Höhe: 3700 mm
Breite: 2520 mm
Radstand: 3900 mm

Eigengewicht: 12500 kg
Gesamtgewicht:18000 kg

Sonstiges:
Palfinger Ladekran
PK 27000 HI.D

GW-T1

Kennzeichen: N - 2845

Baujahr: 1998
Zulassung: 30.07.1998
In Dienst: 02.11.1998
Außer Dienst:

Fahrzeughersteller:
MAN 9.224
F Silent L 2000

Aufbauhersteller:
Albert Fahrzeugbau

Stationiert auf FW 1
Funkrufname: 1/59/1

Motor: 6 Zyl. Diesel
Leistung: 162 kW
Hubraum: 6871 ccm
Drehzahl: 2400

Farbe: RAL 3000/9010

Länge: 7200 mm
Höhe: 3100 mm
Breite: 2550 mm
Radstand:

Eigengewicht: 5200 kg
Gesamtgewicht: 9500 kg

Sonstiges:
Gerätewagen Transport

ab 2014 Fl. 1/56/1

GW-Küche

Kennzeichen: N - ?

Baujahr: 19?
Zulassung: 16.11.1984
BFN
In Dienst:
Außer Dienst: 1998

Fahrzeughersteller:
Mercedes-Benz 407

Aufbauhersteller:

Stationiert bei
FF Werderau
Funkrufname:

Motor: 4 Zyl. Reihe
Leistung: 53 kW/72 PS
Hubraum: 2399 ccm
Drehzahl: 4400

Farbe: RAL 3000

Länge: 6000 mm
Höhe: 2615 mm
Breite: 2095 mm
Radstand:

Eigengewicht:
Gesamtgewicht: 3500 kg

Sonstiges:

ex. Arzttruppwagen

GW-Küche

Kennzeichen: N - 2172

Baujahr: 1973
Zulassung: 16.11.1984
BFN
In Dienst:
Außer Dienst: 1998

Fahrzeughersteller:
Magirus-Deutz 110 D7FL

Aufbauhersteller:

Stationiert bei
FF Werderau
Funkrufname: 28/86/1

Motor: 6 Zyl. Diesel
Leistung: 88kW/120 PS
Hubraum: 5616 ccm
Drehzahl: 2800

Farbe: RAL 3000

Länge: 6350 mm
Höhe: 3100 mm
Breite: 2500 mm
Radstand:

Eigengewicht:
Gesamtgewicht: 7490 kg

Sonstiges:
ab 07.1992 Fl. 28/85/1

ex. Post-LKW
Zulassung Post 09.1973
ab 199? weiße Streifen

GW-L 1

Kennzeichen:N FW 3551 Farbe: RAL 3000/9010

Baujahr: 2013
Zulassung:
In Dienst:
Außer Dienst:

Länge: 6380 mm
Höhe: 3000 mm
Breite: 2200 mm
Radstand:

Fahrzeughersteller:
Mercedes-Benz 516 CDI

Eigengewicht: 3320 kg
Gesamtgewicht: 5000 kg

Aufbauhersteller: BFN

Sonstiges:
Gerätewagen Logistik 1
Kombi der FW 3

Stationiert auf FW 3
Funkrufname: 3/55/1

Motor: 4 Zyl.
Leistung: 120kW/163PS
Hubraum: 2143 ccm
Drehzahl: 3800

GW-Hörg

Kennzeichen: N - 20135 Farbe: RAL 3000/9010

Baujahr: 2001
Zulassung: 19.12.2001
In Dienst: 20.02.02
Außer Dienst:

Länge: 6450 mm
Höhe: 2420 mm
Breite: 2350 mm
Radstand:

Fahrzeughersteller:
Daimler Chrysler MB 413
CDI (Sprinter) 904.6

Eigengewicht: 3075 kg
Gesamtgewicht: 4600 kg

Sonstiges:
Gerätewagen Höhenrettung

Aufbauhersteller:
Hensel Fahrzeugbau

Signalanlage RTK 6 SL
2 Blitzblaulichter hinten

Stationiert auf FW 2
Funkrufname: 2/59/1

Motor: 4 Zyl. Diesel
Leistung: 95kW/129 PS
Hubraum: 2148 ccm
Drehzahl: 3800

Klaf

Kennzeichen: N - 2359
N - R 355

Baujahr: 1970
Zulassung: BF 1973
In Dienst:
Außer Dienst: 1975

Fahrzeughersteller:
Fiat 238 - 1500

Aufbauhersteller:
BFN

Stationiert auf FW 1
Funkrufname:

Motor: 4 Zyl. Reihe
Leistung: 34 kW / 46 PS
Hubraum: 1438 ccm
Drehzahl: 4200

Farbe: RAL 3000

Länge: 4600 mm
Höhe: 1980 mm
Breite: 1850 mm
Radstand: 2400 mm

Eigengewicht: 975 kg
Gesamtgewicht: 2290 kg

Sonstiges:
Kombi

ab 199? Klaf - 1
ab 199? FW 3; Klaf - 3

Klaf

Kennzeichen: N - 2298

Baujahr: 1975
Zulassung: 31.07.1975
In Dienst:
Außer Dienst: 10.1989

Fahrzeughersteller:
Ford FT 100

Aufbauhersteller:
Berufsfeuerwehr
Nürnberg

Stationiert auf FW 3
Funkrufname: 3/65/1

Motor: 4 Zyl.
Leistung: 65 PS
Hubraum: 1688 ccm
Drehzahl: 2400

Farbe: RAL 3024

Länge:
Höhe:
Breite:
Radstand:

Eigengewicht:
Gesamtgewicht:

Preis: 20.800,- DM

Sonstiges:
Klaf - 1

ab 1984 FW 4; Kombi - 2
Florian 4/80/2

Klaf

Kennzeichen: N - 1486

Baujahr: 1977
Zulassung: 09.06.1977
In Dienst:
Außer Dienst: 03.1987

Fahrzeughersteller:
Ford FT 100 72 E 2A

Aufbauhersteller:
Berufsfeuerwehr
Nürnberg

Stationiert auf 4
Funkrufname: 4/65/1

Motor: 4 Zyl.
Leistung: 65 PS
Hubraum: 1688 ccm
Drehzahl: 2400

Farbe: RAL 3024

Länge: 4425 mm
Höhe:
Breite: 1960 mm
Radstand: 2692 mm

Eigengewicht: 1215 kg
Gesamtgewicht: 2450 kg

Preis: 39.000.- DM

Sonstiges:
Klaf - 4

ab1984 FW 1; Kombi - 1
Florian 1/80/1

Klaf

Kennzeichen: N - 2060

Baujahr: 1980
Zulassung: 10.09.1980
In Dienst:
Außer Dienst: 10.1998

Fahrzeughersteller:
Ford FT 120

Aufbauhersteller:
Berufsfeuerwehr
Nürnberg

Stationiert auf FW 2
Funkrufname: 2/65/1

Motor: 4 Zyl.
Leistung: 78 PS
Hubraum: 1954 ccm
Drehzahl: 4500

Farbe: RAL 3024

Länge: 4552 mm
Höhe: 2029 mm
Breite: 1980 mm

Eigengewicht: 1408 kg
Gesamtgewicht: 2575 kg

Sonstiges:
Klaf - 2
ab 1986 FW 1; Kombi - 1
Florian 1/80/1
ab 1992 Kombi - N/ 2
Florian 1/80/3

Baugleich:
N - 2057; Klaf - 1
ab 1984 FW 3; Fl. 3/65/1
ab 1995 FW 1; Kombi N/5
Florian 1/80/6
ab 1995 FW 4; Fl. 4/80/2
ab 1996 Kombi - 4/2

Klaf

Kennzeichen: N - 2736

Baujahr: 1983
Zulassung: 25.01.1984
In Dienst:
Außer Dienst: 04.1996

Fahrzeughersteller:
Mercedes-Benz 207 D

Aufbauhersteller:
Berufsfeuerwehr
Nürnberg

Stationiert auf FW 3
Funkrufname: 3/65/1

Motor: 4 Zyl. Diesel
OM 616
Leistung: 72 PS
Hubraum: 2399 ccm
Drehzahl: 4400

Farbe: RAL 3024

Länge: 4900 mm
Höhe:
Breite: 1960 mm
Radstand: 3050 mm

Eigengewicht:
Gesamtgewicht: 2800 kg

Sonstiges:
Klaf - 3

ab 1984 FW 1; Klaf - 1
Florian 1/65/1

Klaf

Kennzeichen: N - 2047

Baujahr: 1984
Zulassung: 14.05.1985
In Dienst:
Außer Dienst: 05.1998

Fahrzeughersteller:
Mercedes-Benz 207 D

Aufbauhersteller:
Berufsfeuerwehr
Nürnberg

Stationiert auf FW 4
Funkrufname: 4/65/1

Motor: 4 Zyl. Reihe
Leistung: 53 kW / 72 PS
Hubraum: 2399 ccm
Drehzahl: 4400

Farbe: RAL 3024

Länge: 4870 mm
Höhe:
Breite: 1975 mm
Radstand: 3050 mm

Eigengewicht: 1795 kg
Gesamtgewicht: 2800 kg

Preis: ca. 46.280,- DM

Sonstiges:

Klaf 4

Klaf

Kennzeichen: N - 2781

Baujahr: 1986
Zulassung: 19.03.1987
In Dienst:
Außer Dienst: 03.2002

Fahrzeughersteller:
Mercedes-Benz 307 D
602 DKA

Aufbauhersteller:
Berufsfeuerwehr
Nürnberg

Stationiert auf FW 2
Funkrufname: 2/65/1

Motor: 4 Zyl. Diesel OM 616
Leistung: 72 PS
Hubraum: 2399 ccm
Drehzahl: 4400

Farbe: RAL 3024

Länge: 4870 mm
Höhe: 2519 mm
Breite: 1975 mm
Radstand: 3050 mm

Eigengewicht: 1875 kg
Gesamtgewicht: 3200 kg

Sonstiges:
Klaf 2

ab 199? FW 3; Klaf - 3
ab 10.2000 FW 2;
Kombi - 2
Florian 2/80/1

Klaf

Kennzeichen: N - 20605

Baujahr: 1995
Zulassung: 12.12.1996
In Dienst: 02.1997
Außer Dienst: 04.2004

Fahrzeughersteller:
Ford FT 190 EAL

Aufbauhersteller:
Berufsfeuerwehr
Nürnberg

Stationiert auf FW 1
Funkrufname: 1/65/1

Motor: 4 Zyl.
Leistung: 74 kW/102 PS
Hubraum: 2496 ccm
Drehzahl:

Farbe: RAL 3000/9010

Länge: 5368 mm
Höhe: 2550 mm
Breite: 1972 mm
Radstand: 3570 mm

Eigengewicht:
Gesamtgewicht: 3500 kg

Sonstiges:
Klaf 1
2004 Unfall bei Alarmfahrt

Baugleich
N - 20606; Klaf - 4
ab 2000 FW 3: Klaf - 3
Florian 3/65/1
2002 Unfall bei Alarmfahrt

Klaf

Kennzeichen: N - 2792

Baujahr: 1996
Zulassung: 18.04.1997
In Dienst:
Außer Dienst: 11.2011

Fahrzeughersteller:
Ford FT 190 EAL

Aufbauhersteller:
Berufsfeuerwehr
Nürnberg

Stationiert auf FW 2
Funkrufname: 2/65/1

Motor: 4 Zyl. Diesel
Leistung: 74 kW/102 PS
Hubraum: 2496 ccm
Drehzahl:

Farbe: RAL 3000/9010

Länge: 5368 mm
Höhe: 2550 mm
Breite: 1972 mm
Radstand: 3570 mm

Eigengewicht: 2550 kg
Gesamtgewicht: 3500 kg

Sonstiges:
Klaf - 2

ab 2006 FW 5; Klaf - 5
Florian 5/65/1
ab 05/2007 FW 4; Klaf - 4
Reserve Florian 4/65/1

Klaf

Kennzeichen: N - 20061 Farbe: RAL 3000/9010

Baujahr: 1998
Zulassung: 03.07.2000
In Dienst: 00.08.2000
Außer Dienst: 06.2006

Länge: 5572 mm
Höhe: 2500 mm
Breite: 1972 mm
Radstand: 3570 mm

Fahrzeughersteller:
Ford FT 190 EAL

Eigengewicht: 2620 kg
Gesamtgewicht: 3500 kg

Aufbauhersteller:
Berufsfeuerwehr Nürnberg

Sonstiges:
Klaf - 4

ab 2004 FW 1; Klaf - 1
Florian 1/65/1
ab 12.2004 FW 5; Klaf - 5
Florian 5/65/1

Stationiert auf FW 4
Funkrufname: 4/65/1

Motor: 4 Zyl.Diesel
Leistung: 74 kW
Hubraum: 2496 ccm
Drehzahl:

2006 nach Unfall ausgemustert

Klaf

Kennzeichen: N - 20380 Farbe: RAL 3000/9010

Baujahr: 2003
Zulassung: 03.12.2003
In Dienst: 05.2004
Außer Dienst:

Länge: 6300 mm
Höhe: 2600 mm
Breite: 2210 mm
Radstand:

Fahrzeughersteller:
Daimler Chrysler Sprinter 416 cdi

Eigengewicht: 3430 kg
Gesamtgewicht: 4600 kg

Sonstiges:
Klaf - 4

Aufbauhersteller:
Hensel Fahrzeugbau

ab 12.2004 FW 3; Klaf - 3
Florian 3/65/1
ab 06.2006 FW 2; Klaf - 2
Florian 2/65/1

Stationiert auf FW 4
Funkrufname: 4/65/1

Motor: 5 Zyl.
Leistung: 115kW/156PS
Hubraum: 2685 ccm
Drehzahl: 3800

Klaf

Kennzeichen: N - 20606 Farbe: RAL 3000/9010

Baujahr: 2006
Zulassung:
In Dienst:
Außer Dienst: 2018

Länge: 7345 mm
Höhe:
Breite: 1993 mm
Radstand: 4325 mm

Fahrzeughersteller:
Daimler Chrysler Sprinter 516 cdi Automatik

Eigengewicht: 2540 kg
Gesamtgewicht:

Sonstiges:
Klaf - 3

Aufbauhersteller:
Hensel Fahrzeugbau

ab 11.2011 FW 4; Klaf - 4
Florian 4/65/1

Stationiert auf FW 3
Funkrufname: 3/65/1

Motor: 4 Zyl. Reihe Diesel
Leistung: 120kW/163PS
Hubraum: 2143 ccm
Drehzahl: 3800

Klaf

Kennzeichen: N - 2549 Farbe: RAL 3000/9010

Baujahr: 2005
Zulassung: 19.11.2005
In Dienst: 06.2006
Außer Dienst: 2018

Länge: 6130 mm
Höhe: 2600 mm
Breite: 2230 mm
Radstand:

Fahrzeughersteller:
Daimler Chrysler Sprinter
416 cdi

Eigengewicht: 3530 kg
Gesamtgewicht: 4600 kg

Aufbauhersteller:
Hensel Fahrzeugbau

Sonstiges:
Klaf - 3

Stationiert auf FW 3
Funkrufname: 3/65/1

ab 03.2007 FW 5; Klaf - 5
Florian 5/65/1

Motor: 5 Zyl.
Leistung: 115 kW/156PS
Hubraum: 2685 ccm
Drehzahl: 3800

Klaf

Kennzeichen: N - FW 652 Farbe: RAL 3000/9010

Baujahr: 2010
Zulassung:
In Dienst: 03.2011
Außer Dienst:

Länge: 6570 mm
Höhe: 2800 mm
Breite: 2250 mm
Radstand: 3665 mm

Fahrzeughersteller:
Daimler Chrysler Sprinter
515 cdi Automatik

Eigengewicht: 3660 kg
Gesamtgewicht: 5000 kg

Aufbauhersteller:
Hensel Fahrzeugbau
BFN ; Wache 3

Sonstiges:
Klaf - 3

Stationiert auf FW 3
Funkrufname: 3/65/1

Motor: 4 Zyl. Reihe
CR-Dieselfilter
Leistung: 150 PS
Hubraum: 2148 ccm
Drehzahl: 3800

Kleinalarmfahrzeug, Ford FT 120, Baujahr 1980

Kleinalarmfahrzeug, Mercedes-Benz 307 D, Baujahr 1988

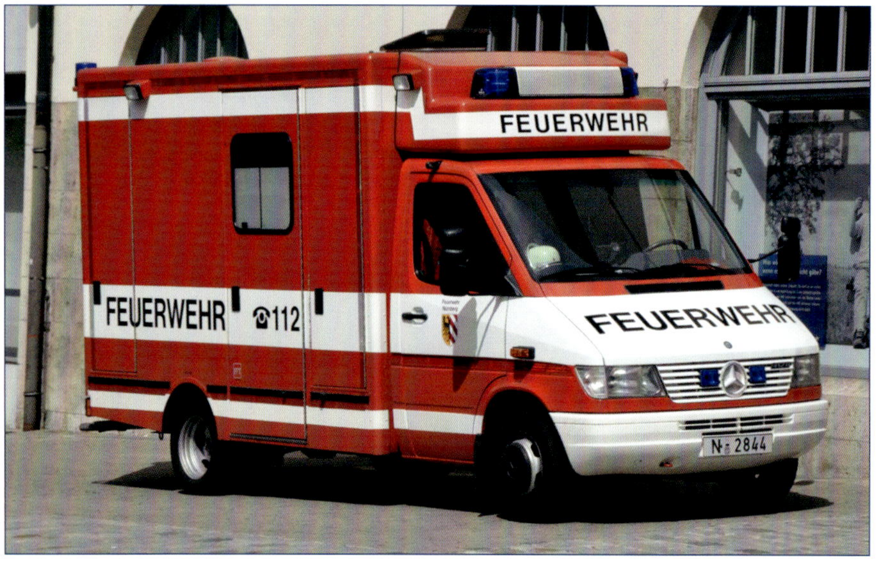

RTW

Kennzeichen: N - 2844
Farbe: RAL 3000/9010

Baujahr: 1998
Zulassung: 17.07.1998
Außer Dienst: 2014

Länge: 6000 mm
Höhe: 2860 mm
Breite: 2080 mm
Radstand: 3600 mm

Fahrzeughersteller:
Mercedes - Benz Sprinter 412 CDI Typ 904

Eigengewicht: 3698 kg
Gesamtgewicht: 4600 kg

Aufbauhersteller:
FFT, Mainz

Sonstiges:
ab 2007 Florian 1/71/1
ab 2012 Florian 1/71/2

Stationiert auf FW 1
Funkrufname: 1/79/1

Das Fahrzeug wird auf der FW 1 noch für die Ausbildung verwendet. Es ist nicht mehr im Alarmdienst.

Motor: 5 Zyl.
Leistung: 122 PS
Hubraum: 2874 ccm
Drehzahl: 3800

RTW

Kennzeichen: N- FW 313
Farbe: RAL 3000/9010

Baujahr: 2012
Zulassung: 13.07.2012
Außer Dienst:

Länge: 6500 mm
Höhe: 2920 mm
Breite: 2200 mm
Radstand: 3700 mm

Fahrzeughersteller:
Mercedes - Benz Sprinter 519 CDI

Eigengewicht: 4180 kg
Gesamtgewicht: 5300 kg

Aufbauhersteller:
GSF, Mainz

Sonstiges:
ab 201? Florian 1/71/15

Stationiert auf FW 1
Funkrufname: 1/79/40

Motor: 4 Zyl. Diesel
Leistung: 140 kW
Hubraum: 2987 ccm
Drehzahl: 3800

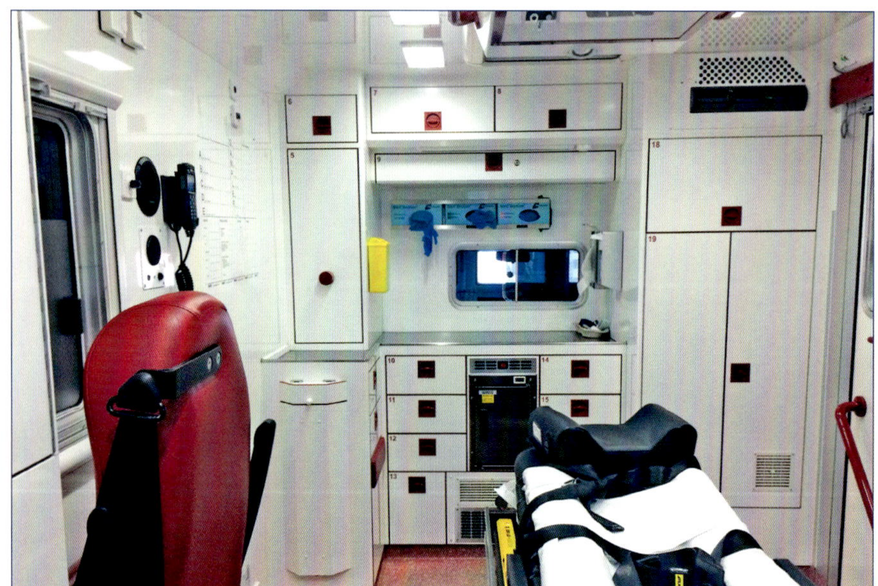

Einleitung Wechselladerfahrzeuge

In der Fahrzeugentwicklung kann die Feuerwehr Nürnberg auf ereignisreiche Zeiten zurückblicken. Viele Fahrzeuge entstanden beziehungsweise entstehen in Eigenregie, wie auch das Fahrzeugkonzept mit Wechselladerfahrzeugen. Eine Idee die nicht in Nürnberg geboren wurde, jedoch hier ihre Anwendung fand.

Ende der 1960er und Anfang der 1970er Jahre standen einige Sonderfahrzeuge und Anhänger zur Neubeschaffung an. Die Technik-Abteilung der Feuerwehr Nürnberg wurde vor die Aufgabe gestellt, Fahrzeuge zu konzipieren, die vor allem nachhaltig sind. Die Fahrzeuge beziehungsweise Komponenten sollten über einen langen Zeitraum einsetzbar sein.

Mit dem System der Wechselladerfahrzeuge wurde eine Möglichkeit gesehen, mit einem Fahrgestell mehrere verschiedene Aufbauten einzusetzen. Somit konnte man den Bestand an Sonderfahrzeugen und Anhängern minimieren. An den Neuanschaffungen, Reparaturen und Umbauten der letzten Jahre kann man erkennen, dass dieses Konzept in Nürnberg aufgeht.

Wenn man sich den heutigen Bestand an Wechselaufbaubrücken ansieht, fällt auf, dass bis auf wenige Ausnahmen (AB-Waldbrand I, AB-MK, AB-Taucherfähre, AB-A) noch alle damals entworfenen und gebauten Container im Dienst sind. An Trägerfahrzeugen ist jedoch schon die 3. Generation im Einsatz.

Abrollbehälter - Schlauch

Abrollbehälter - Schnellkupplungsrohre

Abrollbehälter - Taucherfähre
(Umbau zum Abrollbehälter-Transport I)

Abrollbehälter - Mulde-Kran

Abrollbehälter - Mulde
(Umbau zum Abrollbehälter-Rüst)

Abrollbehälter - Waldbrand I
(Ausgemustert 1979)

Abrollbehälter - Waldbrand I I
(Ausgemuster 2018)

Abrollbehälter - Schaummittel

Abrollbehälter - CO2

Abrollbehälter - Ölauffangbehälter

Abrollbehälter - Gefahrgut
(Umbau zum Abrollbehälter-Sanitätsmaterial)

Abrollbehälter - Atemschutz
(Ausgemuster 2012)

Abrollbehälter - Löschwasserförderung

Abrollbehälter - Wasser

WLF

Kennzeichen: N - 1545

Baujahr: 1976
Zulassung: 17.01.1977
In Dienst:
Außer Dienst: 07.2000

Fahrzeughersteller:
MAN 16.200 HA

Aufbauhersteller:
F.X. Meiller

Stationiert auf FW 4
Funkrufname: 4/82/1

Motor: 6 Zyl.
Leistung: 200 PS
Hubraum: 10968 cm
Drehzahl:

Farbe: RAL 3024
ab 1992 RAL 3000

Länge: 8350 mm
Höhe: 3080 mm
Breite: 2500 mm
Radstand: 5200 mm

Eigengewicht:
Gesamtgewicht:17000 kg

Sonstiges:
WLF - 4

WLF

Kennzeichen: N - 1546

Baujahr: 1976
Zulassung: 17.01.1977
In Dienst:
Außer Dienst: 05.2000

Fahrzeughersteller:
MAN 16.200 HA

Aufbauhersteller:
F.X. Meiller

Stationiert auf FW 2
Funkrufname: 2/82/1

Motor: 6 Zyl.
Leistung: 200 PS
Hubraum: 10.968 ccm
Drehzahl:

Farbe: RAL 3024
ab 1990 RAL 3000

Länge: 8350 mm
Höhe: 3080 mm
Breite: 2500 mm
Radstand: 5200 mm

Eigengewicht:
Gesamtgewicht:16500 kg
ab 1978 17000 kg

Sonstiges:
WLF - 2

ab 1992 FW 1; WLF - 1/2
ab 02.2000 WLF - 1/3
ab 04.2000 FW 4
WLF - 4/2 Fl. 4/82/2

WLF

Kennzeichen: N - 2436

Baujahr: 1979
Zulassung: 03.09.1979
In Dienst:
Außer Dienst: 2012

Fahrzeughersteller:
MAN 16.192 HA

Aufbauhersteller:
F.X. Meiller

Stationiert auf FW 1
Funkrufname: 1/82/1

Motor:
Leistung: 141 kW/192 PS
Hubraum: 5648 ccm
Drehzahl:

Farbe: RAL 3024
ab 1994 RAL 3000

Länge: 7850 mm
Höhe: 3100 mm
Breite: 2500 mm
Radstand:

Eigengewicht: 8700 kg
Gesamtgewicht:17000 kg

Sonstiges:
WLF - 1

ab 1992 WLF - 1/1
ab 02.2000 WLF - 1/2
ab 06.2000 FW 4;
WLF - 4 Fl. 4/82/1
ab 2003 WLF - 4/2
Florian 4/82/2

WLF

Kennzeichen: N - 20036	Farbe: RAL 3000 ab 1994 RAL 3000/9010
Baujahr: 1990 Zulassung: 02.07.1990 In Dienst: Außer Dienst: 2019	Länge: 8100 mm Höhe: 3050 mm Breite: 2500 mm Radstand: 4500 mm
Fahrzeughersteller: MAN 17.232 FA M08	Eigengewicht: Gesamtgewicht:17000 kg
Aufbauhersteller: F.X. Meiller	Sonstiges: WLF - 3
Stationiert auf FW 3 Funkrufname: 3/82/1	ab 2003 FW 4; WLF - 4/1 Florian 4/35/1
Motor: 6 Zyl. Leistung: 169 kW/230PS Hubraum: 6871 ccm Drehzahl:	

WLF

Kennzeichen: N - 20016	Farbe: RAL 3000/9010
Baujahr: 1999 Zulassung: 03.05.2000 In Dienst: 06.2000 Außer Dienst:	Länge: 7600 mm Höhe: 3050 mm Breite: 2500 mm Radstand: 4440 mm
Fahrzeughersteller: MAN 18.284 L89	Eigengewicht: 8000 kg Gesamtgewicht:18000 kg
Aufbauhersteller: F.X. Meiller	Sonstiges: WLF - 1/2 ab 2014 Fl. 1/35/2
Stationiert auf FW 1 Funkrufname: 1/82/2	Baugleich: N - 20911; WLF - 1/1 Baujahr: 1999 ab 2014 Fl. 1/35/1
Motor: 6 Zyl. Leistung: 206 kW/280PS Hubraum: 6871 ccm Drehzahl:	

WLF

Kennzeichen: N-FW 4821	Farbe: RAL 3000/9010
Baujahr: 2013 Zulassung: In Dienst: Außer Dienst:	Länge: 8410 mm Höhe: 3300 mm Breite: 2550 mm Radstand: 4200 mm
Fahrzeughersteller: MAN TGS 26.400 6x2-4	Eigengewicht: 11220 kg Gesamtgewicht:26000 kg
Aufbauhersteller: Meiller RK 20.65	Sonstiges: WLF - 4/1
Stationiert auf FW 4 Funkrufname: 4/36/1	In etwa baugleich:
Motor: 6 Zyl. Common-Rail-Diesel Leistung: 400 PS Hubraum: 10518 ccm Drehzahl:	N - FW 4822 WLF - 4/2 Baujahr: 2019 Florian 4/36/2

Abrollbehälter

AB-Schlauch

Abrollbehälter:
Schlauch

Baujahr: 1976
Zulassung:
In Dienst:
Außer Dienst:

Aufbauhersteller:
Carl Metz, Karlsruhe

Stationiert auf FW 2

Farbe: RAL 3024

Länge: 4950 mm
Höhe: 1980 mm
Breite: 2450 mm

Eigengewicht:
Gesamtgewicht:

Sonstiges:

Beladung
B - Schläuche für eine Länge von 2000 m
1000 m in Buchten
1000 m in Rollschläuchen

Pumpe: TS 8/8

ab 1992 FW 1

AB-Waldbrand

Abrollbehälter:
Waldbrand

Baujahr: 1976
Zulassung:
In Dienst:
Außer Dienst: 1979

Aufbauhersteller:
Carl Metz, Karlsruhe

Stationiert auf FW 2

Farbe: RAL 3000

Länge:
Höhe:
Breite:

Eigengewicht:
Gesamtgewicht:

Löschmitteltank:
GFK Tank 6000 l

Sonstiges:

ab 1977 FW 4
1979 ausgemustert nach Riss im Tank

AB-MK

Abrollbehälter:
Mude mit Ladekran

Baujahr: 1977
Zulassung:
In Dienst:
Außer Dienst: 2012

Aufbauhersteller:
F.X. Meiller

Stationiert auf FW 4

Farbe: RAL 3000

Länge:
Höhe:
Breite:

Eigengewicht:
Gesamtgewicht:

Sonstiges:
AB - MK - 4

AB-Rohr

Abrollbehäler:
Schnellkupplungsrohr

Baujahr: 1978
Zulassung:
In Dienst:
Außer Dienst:

Fahrgestell:
F.X. Meiller Typ 021

Aufbauhersteller:
Carl Metz, Karlsruhe

Stationiert auf FW 2

Farbe: RAL 3000

Länge: 6350 mm
Höhe: 2050 mm
Breite: 2360 mm

Eigengewicht:
Gesamtgewicht:

Sonstiges:

Schnellkupplungsrohre
mit Perrotsystem
Leitungslänge 540 m

ab 1991 FW 1
ab 2004 Standort
Wachlokal Volksfestplatz

AB-Tank

Abrollbehälter:
Ölauffangbehälter

Baujahr: 1978
Zulassung:
In Dienst:
Außer Dienst:

Fahrgestell:
F.X. Meiller Typ 05

Aufbauhersteller:
Carl Metz, Karlsruhe

Stationiert auf FW 1

Farbe: RAL 3000

Länge: 4965 mm
Höhe: 2000 mm
Breite: 1680 mm

Eigengewicht:
Gesamtgewicht:

Sonstiges:

Fassungsvermögen 5000l
ab 1997 AB - Tank

AB-MK

Abrollbehälter:
mit Mulde mit Ladekran

Baujahr: 1979
Zulassung:
In Dienst:
Außer Dienst:

Aufbauhersteller:
F.X. Meiller

Stationiert auf FW 1

Farbe: RAL 3000

Länge: 5650 mm
Höhe: 2050 mm
Breite: 2500 mm

Eigengewicht:
Gesamtgewicht:

Sonstiges:
AB - MK - 1

AB-Waldbrand

Abrollbehälter:
Wandbrand

Baujahr: 1979
Zulassung:
In Dienst:
Außer Dienst: 2018

Fahrgestell:
F.X. Meiller Typ 015

Aufbauhersteller:
Carl Metz, Karlsruhe

Stationiert auf FW 4

Farbe: RAL 3000

Länge:
Höhe:
Breite:

Eigengewicht:
Gesamtgewicht:

Löschmittel:
Edelstahltank 4500 l

Sonstiges:

Rahmen vermutlilch von AB - W (Baujahr 1976) ab 12.2004 FW 1

AB-Mulde

Abrollbehälter:
Mulde 4/1

Baujahr: 1980
Zulassung:
In Dienst:
Außer Dienst: 03.1989

Aufbauhersteller:
F.X. Meiller

Stationiert auf FW 4

Farbe: RAL 3000

Länge:
Höhe:
Breite:

Eigengewicht:
Gesamtgewicht:

Sonstiges:

AB-Mulde

Abrollbehälter:
Mulde 4/2

Baujahr: 1981
Zulassung:
In Dienst:
Außer Dienst:

Aufbauhersteller:
F.X. Meiller

Stationiert auf FW 4

Farbe: RAL 3000

Länge: 5550 mm
Höhe: 1950 mm
Breite: 2450 mm

Eigengewicht:
Gesamtgewicht:

Sonstiges:

AB-CO_2

Abrollbehälter:
Kohlenstoffdioxid,CO_2

Baujahr: 1982
Zulassung:
In Dienst:
Außer Dienst:

Aufbauhersteller:
Total Feuerschutz

Stationiert auf FW 1

Farbe: RAL 3000

Länge: 5700 mm
Höhe: 1640 mm
Breite: 2385 mm

Eigengewicht:
Gesamtgewicht: 5640 kg

Löschmittel:
36 Flaschen á 30 kg
Kohlenstoffdioxid

Sonstiges:

2012 Umbau der Rollos

AB-Atemschutz

Abrollbehälter:
Atemschutz

Baujahr: 1983
Zulassung:
Außer Dienst: 06.2012

Aufbauhersteller:
Gebr. Bachert
Bad Friedrichshall

Stationiert auf FW 4

Farbe: RAL 3024
ab 03.1999 RAL 3000

Länge:
Höhe:
Breite:

Eigengewicht:
Gesamtgewicht:

Sonstiges:

2003 Ausbau des
Kompressors
2006 Einbau eines Rollos
anstatt der hinteren Türe

AB-Schaum

Abrollbehälter: Schaummittel		Farbe: RAL 3000	
Baujahr: 1984		Länge:	5680 mm
Zulassung:		Höhe:	2100 mm
In Dienst:	01.09.1985	Breite:	2310 mm
Außer Dienst:		Eigengewicht:	2400 kg
		Gesamtgewicht:	9000 kg
Aufbauhersteller: Haller / Minimax Bad Oldeslohe		Löschmittel: 6,4 m³ Mehrbereichs-schaummittel	
Stationiert auf FW 1			

AB-Mulde/AB-Rüst-Schiene

Abrollbehälter: Mulde 2 ab 1992 Bau- und Rüstholz		Farbe: RAL 3000	
Baujahr: 1985		Länge:	5780 mm
Zulassung:		Höhe:	2200 mm
In Dienst:		Breite:	2480 mm
Außer Dienst:		Eigengewicht:	
		Gesamtgewicht:	
Aufbauhersteller: Greis GmbH, Burb-Niederdresselndorf		Sonstiges:	
Stationiert auf FW 2		ab 1992 FW 1 ab 1995 mit Rüstholz (12,6 m³) und Material für Straßenbahnunfälle, Baustreben und Schacht-rettungsmaterial beladen	

AB-G/AB-San

Abrollbehälter:
Gefahrgut
ab 2006 Sanitätsmaterial

Baujahr: 1991
Zulassung:
In Dienst:
Außer Dienst:

Aufbauhersteller:
Schmitz, Wilnsdorf

Umbau zu AB-San:
Hensel, Waldbrunn / BFN

Stationiert auf FW 3

Farbe: RAL 3000
ab 2005 RAL 3000/9010

Länge:	5650 mm
Höhe:	1960 mm
Breite:	2450 mm

Eigengewicht:
Gesamtgewicht:

Sonstiges

Außer Dienst als AB-G
12.2003
ab 2005 FW 1
In Dienst als AB-San
06.2006
Sanitätsmaterial für die
Behandlung von 50
Patienten

AB-Transport 4

Abrollbehälter:
Transport 4

Baujahr: 2004
Zulassung:
In Dienst:
Außer Dienst:

Aufbauhersteller:
Strobach Container
Typ RPB 40-3

Stationiert auf FW 4

Farbe: RAL 3000

Länge:	5560 mm
Höhe:	1660 mm
Breite:	2530 mm

Eigengewicht:
Gesamtgewicht:12000 kg

Sonstiges:

mit Seilwinde 20 kN und
Auffahrrampe

Standartbeladung:
Hamburger Rettungskorb

AB-Taucherfähre/Transport 1

Abrollbehälter:
Taucherfähre
ab 2004 AB - Transport 1

Baujahr: 1997
Zulassung:
In Dienst:
Außer Dienst:

Aufbauhersteller:
F.X. Meiller

Stationiert auf FW 2

Farbe: RAL 3000

Länge: 5690 mm
Höhe: 1600 mm
Breite: 2340 mm

Eigengewicht:
Gesamtgewicht:

Sonstiges:

ab 1992 FW 4
2004 Umbau zum AB-Transport und Verlegung zur FW 1

Taucherfähre wurde ans Erfahrungsfeld der Sinne als Floß abgegeben.

AB-Mulde

Abrollbehälter:
Mulde 4/1

Baujahr: 2010
In Dienst: 30.07.2010
Außer Dienst:

Aufbauhersteller:
Strobach Container

Stationiert auf FW 4

Farbe: RAL 3000

Länge: 5500 mm
Höhe: 1000 mm
Breite: 2300 mm

Eigengewicht: 2070 kg
Gesamtgewicht: 8000 kg

Sonstiges:
AB - Mulde 4/1

AB-Wasser

Abrollbehälter:
Wasser

Baujahr: 2018
Zulassung:
In Dienst:
Außer Dienst:

Aufbauhersteller:
Albert Ziegler, Giengen

Stationiert auf FW 4

Farbe: RAL 3000

Länge: 6840 mm
Höhe: 2300 mm
Breite: 2500 mm

Eigengewicht: 4460 kg
Gesamtgewicht: 14500 kg

Löschmittel:
8000 l Wasser
1000 l Schaummittel

Pumpe:
PFPN Ziegler 10-1000

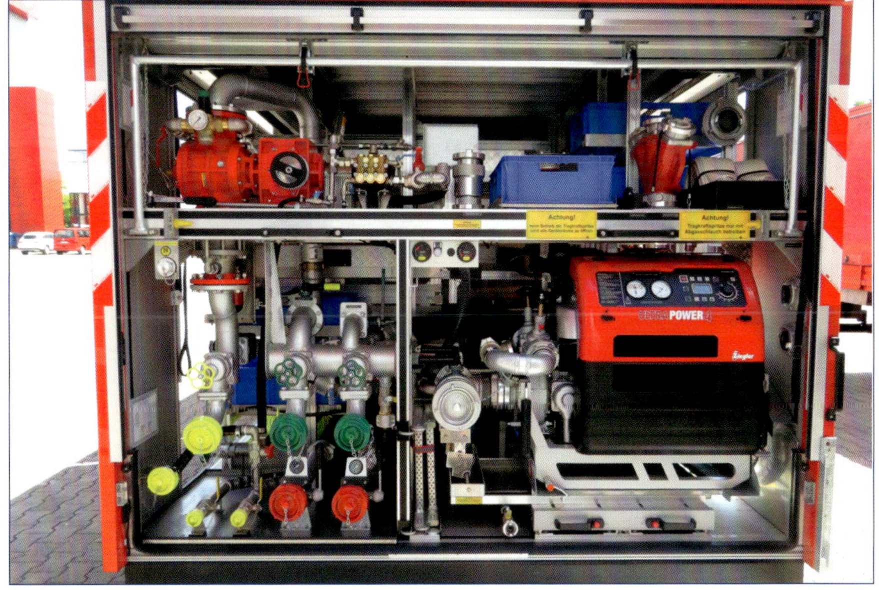

AB-LWL

Abrollbehälter:
Löschwasserförderung

Baujahr: 2013
Zulassung:
In Dienst:
Außer Dienst:

Aufbauhersteller:
Hytrans Fire System

Stationiert auf FW 4

Farbe: RAL 3000

Länge: 4200 mm
Höhe: 1780 mm
Breite: 1162 mm

Eigengewicht:
Gesamtgewicht: 3000 kg

Pumpe:
VOLVO TAD 650 VE

Motor: 6 Zyl.
Leistung: 147kW/200 PS
Hubraum:
Drehzahl: 2300

FwK-10

Kennzeichen: N - 2611
AB 777 861

Baujahr: 1943
Zulassung: 22.10.1951
In Dienst: 01.11.1951
Außer Dienst: 01.1967

Fahrzeughersteller:
Ward la France Truck
Division, Continental

Aufbauhersteller:
Modell 1000

Stationiert auf FW 1
Funkrufname:

Motor: 6 Zyl. Reihe
Leistung: 148 PS
Hubraum: 8220 ccm
Drehzahl: 2500

Farbe: RAL 3003

Länge: 7140 mm
Höhe: 2970 mm
Breite: 2510 mm
Radstand:

Eigengewicht: 12400 kg
Gesamtgewicht:27500 kg

Preis: 7.500,- DM

Sonstiges:
Urspr. KW 10 aus US-Militärbestand vom Steg-Lager Rothenbergen

Winde
vorn 9000 kg
hinten 21500 kg

Fahrzeugkabine nach dem Verkauf und Umbau einer Privatfirma zum Abschleppkran

FwK-12

Kennzeichen: N - 1601

Baujahr: 1972
Zulassung: 22.05.1978
BFN
In Dienst: 12.09.1978
Außer Dienst:

Fahrzeughersteller:
Krupp Mobilkran
12 GTT-Super

Aufbauhersteller:
Friedrich Krupp
Wilhelmshaven

Stationiert auf FW 4
Funkrufname: 4/64/2

Motor: Deutz-Motor F6 L 912
Leistung: 110 PS
Hubraum: 5660 ccm
Drehzahl: 2800

Farbe: RAL 3000

Länge: 8400 mm
Höhe: 3200 mm
Breite: 2500 mm
Radstand:

Eigengewicht:
Gesamtgewicht:16000 kg

Preis: 75.000,- DM

Sonstiges:
ehemaliger Kranwagen der EWAG (Städtischer Energieversorger heute N-Ergie)

FwK-16

Kennzeichen: N - 2516

Baujahr: 1966
Zulassung: 19.07.1966
In Dienst:
Außer Dienst: 1980

Fahrzeughersteller:
Magirus-Deutz F
Uranus 250 D 25A 6x6

Aufbauhersteller:
Klöckner-Humboldt-Deutz
Werk Ulm

Stationiert auf FW 1
Funkrufname:

Motor: V 12 Zyl.
Leistung: 250 PS
Hubraum: 15966 ccm
Drehzahl: 2300

Farbe: RAL 3000

Länge: 8150 mm
Höhe: 3350 mm
Breite: 3450 mm
Radstand: 3775 mm

Eigengewicht: 23900 kg
Gesamtgewicht:25400 kg

Sonstiges:
150 kN Seilwinde

ab 1970 Fl. 51
ab 1975 Fl. 1/64/1
ab 1977 FW 4; Fl. 4/64/1

FwK-25

Kennzeichen: N - 2468

Baujahr: 1979
Zulassung: 10.09.1979
In Dienst:
Außer Dienst: 09.1999

Fahrzeughersteller:
Faun 30.31/54 LK6x4

Aufbauhersteller:
Gottwald / DB

Stationiert auf FW 4
Funkrufname: 4/64/1

Motor: 6 Zyl. KHD
Leistung: 141 PS
Hubraum: 9600 ccm
Drehzahl: 1500

Farbe: RAL 3024

Länge: 11600 mm
Höhe: 3350 mm
Breite: 2500 mm
Radstand: 4650/1500 mm

Eigengewicht:
Gesamtgewicht:29000 kg

Sonstiges:
23 m Auslegerlänge
Rotzler Seilwinde 10 t

Kranantrieb:
Daimler-Benz
Motor: 6 Zyl.
Leistung: 69 kW

FwK-50

Kennzeichen: N - 2989
Farbe: RAL 3000/9010

Baujahr: 1999
Zulassung: 02.06.1999
In Dienst: 09.1999
Außer Dienst:

Länge: 13.000 mm
Höhe: 4000 mm
Breite: 2500 mm
Radstand:

Fahrzeughersteller:
Liebherr LTM 1070/1
Typ UTM640

Eigengewicht: 46400 kg
Gesamtgewicht:48000 kg

Preis: ca 1,5 Mio. DM

Aufbauhersteller:
Liebherr 4 Zyl.
120 kW / 163 PS

Stationiert auf FW 4
Funkrufname: 4/64/1

Motor: 6 Zyl.
Leistung: 408 PS
Hubraum: 12882 ccm
Drehzahl:

Sonstiges:
Rotzler Treibmatik
Bergewinde 80 kN
Abschleppvorrichtung
Krantraverse 30 t
70 t Kran auf 50 t
eingeschert
Auslegerlänge:
10,6 m - 44 m

Radlader

Kennzeichen: N - 2209
Farbe: RAL 3000

Baujahr: 1971
Zulassung: 23.06.1971
In Dienst:
Außer Dienst: 1993

Länge: 5700 mm
Höhe: 3148 mm
Breite: 2700 mm
Radstand:

Fahrzeughersteller:
Caterpillar Cat 920
Zeppelin Werke

Eigengewicht: 8440 kg
Gesamtgewicht:

Stationiert auf FW 1
Funkrufname: ohne Funk

Sonstiges:
1993 zum Gartenbauamt
abgegeben

Motor:
Leistung: 60 kW/80 PS
Hubraum: 7000 ccm
Drehzahl: 2400

Kombi

Kennzeichen: N - 2616
AB 777 821

Baujahr: 1950
Zulassung: 04.03.1951
In Dienst:
Außer Dienst: 04.1966

Fahrzeughersteller:
VW T1 Typ 23

Aufbauhersteller:

Stationiert auf FW 1
Funkrufname:

Motor: 4 Zyl. Boxer
Leistung: 25 PS
Hubraum: 1131ccm
Drehzahl:

Farbe: RAL 3000

Länge: 4100 mm
Höhe: 1900 mm
Breite: 1500 mm
Radstand:

Eigengewicht: 920 kg
Gesamtgewicht: 1770 kg

Sonstiges:
Kombi - 1
ab 1951 LKW - 2
ab 1956 FW 2; Kombi - 2
ab 1962 FW 1
Kombi - N/2

Baugleich:

N - 2615
AB 777 528 Kombi - 1
VW T1 211
Baujahr: 1955
Außer Dienst: 09.1968

N - 2506; Kombi - 1
VW T1
Baujahr: 1966
Außer Dienst: 1974
ab 1972 Kombi - N/2

N - 2657; Kombi - 2
VW T1 Typ 213
Baujahr: 1962
Außer Dienst: 06.1970

N - 2289; Kombi - 3
VW T1 B Typ 231
Baujahr: 1963
Außer Dienst: 12.1971
ab 1969 Kombi - N/ 2

Kombi

Kennzeichen: N - 2202

Baujahr: 1969
Zulassung:
In Dienst:
Außer Dienst: 1977

Fahrzeughersteller:
VW Kombi Typ 2

Aufbauhersteller:

Stationiert auf FW 3
Funkrufname: Fl. 76

Motor: 4 Zyl. Boxer
Leistung: 35 kW / 47 PS
Hubraum: 1584 ccm
Drehzahl:

Farbe: RAL 3000

Länge: 4505 mm
Höhe: 2290 mm
Breite: 1765 mm
Radstand: 2400 mm

Sonstiges:
Kombi - 3
ab 1973 Fl. 77
ab 1975 Fl. 3/80/1

Baugleich

N - 2238; Kombi - 1
Baujahr: 1971
Außer Dienst: ?

N - 2206; Kombi - 2
Baujahr: 1970
Außer Dienst: ?

Kombi

Kennzeichen: N - 2359
N - R 355

Baujahr: 1970
Zulassung: BF 1973
In Dienst:
Außer Dienst: 1975

Fahrzeughersteller:
Fiat 1100 E (238 - 1500)

Aufbauhersteller:
BFN

Stationiert auf FW 1

Motor: 4 Zyl. Reihe
Leistung: 34 kW /46 PS
Hubraum: 1438 ccm
Drehzahl: 4200

Farbe: RAL 3000

Länge: 4600 mm
Höhe: 1980 mm
Breite: 1850 mm
Radstand: 2400 mm

Eigengewicht: 975 kg
Gesamtgewicht: 2290 kg

Sonstiges:
Kombi

vorher MZF / TSF
FF Fischbach

Umbau zum ersten
Kleinalarmfahrzeug
später FW 3

Kombi

Kennzeichen: N - 1486

Baujahr: 1977
Zulassung: 09.06.1977
In Dienst:
Außer Dienst: 09.1987

Fahrzeughersteller:
Ford FT 100 72 E 2A

Aufbauhersteller:

Stationiert auf FW 4
Funkrufname: 4/80/1

Motor: V 4 Zyl.
Leistung: 65 PS
Hubraum: 1688 ccm
Drehzahl: 4800

Farbe: RAL 3024

Länge: 4425 mm
Höhe:
Breite: 1960 mm
Radstand: 2692 mm

Eigengewicht: 1215 kg
Gesamtgewicht: 2450 kg
Preis: 26.000,- DM

Sonstiges:
Kombi - 4

Baugleich
N - 1699; Kombi - 2
Baujahr: 1977
Außer Dienst: 12.1988

N - 2250; Kombi - 1
Baujahr: 1974
Außer Dienst: 03.1984

Kombi

Kennzeichen: N - 2851

Baujahr: 1978
Zulassung: 16.01.1979
In Dienst:
Außer Dienst: 06.1995

Fahrzeughersteller:
Ford FT 100 72 E 2A

Aufbauhersteller:

Stationiert auf FW 3
Funkrufname: 3/80/1

Motor: 4 Zyl. OHC
Leistung: 65 PS
Hubraum: 1688 ccm
Drehzahl: 2400

Farbe: RAL 3024
ab 1989 RAL 3000

Länge: 4425 mm
Höhe:
Breite: 1960 mm
Radstand: 2692 mm

Eigengewicht: 1215 kg
Gesamtgewicht: 2450 kg

Sonstiges:
Kombi - 3

ab 1989 FW 4; Fl. 4/80/2

Kombi

Kennzeichen: N - 2306

Baujahr: 1988
Zulassung: 16.10.1988
In Dienst:
Außer Dienst: 10.2000

Fahrzeughersteller:
Mercedes-Benz 207 D

Aufbauhersteller:

Stationiert auf FW 2
Funkrufname: 2/80/1

Motor: 4 Zyl. Reihe
Leistung: 58 kW / 72 PS
Hubraum: 2399 ccm
Drehzahl: 4400

Farbe: RAL 3000

Länge: 4900 mm
Höhe: 2400 mm
Breite: 1950 mm
Radstand:

Eigengewicht:
Gesamtgewicht:

Sonstiges:
Kombi - 2

Baugleich
N - 2407; Kombi - 4
Baujahr: 1987
Außer Dienst: 01.2009

ab 1995 FW 1; Kombi 1/2
ab 1996 KLAF - 1
ab 1997 Kombi - 1/2
ab 1999 FW 4; Kombi 4/2

Kombi

Kennzeichen: N - 2930

Baujahr: 1989
Zulassung: 22.09.1989
In Dienst:
Außer Dienst: 12.2005

Fahrzeughersteller:
Ford FT 100 Diesel

Aufbauhersteller:

Stationiert auf FW 3
Funkrufname: 3/80/1

Motor: 4 Zyl.
Leistung: 51 kW / 70 PS
Hubraum: 2496 ccm
Drehzahl: 4000

Farbe: RAL 3000

Länge: 4606 mm
Höhe: 1970 mm
Breite: 1938 mm
Radstand:

Eigengewicht:
Gesamtgewicht: 2600 kg

Sonstiges:
Kombi - 3

ab 1993 FW 1
Kombi - N/ 1
Florian 1/80/2

Kombi

Kennzeichen: N - 20067

Baujahr: 1991
Zulassung: 14.02.1991
In Dienst: 2001
Außer Dienst: 2012

Fahrzeughersteller:
VW T4 1,9

Aufbauhersteller: BFN

Stationiert bei
FF Werderau
Funkrufname: 28/86/2

Motor: 4 Zyl. Diesel
Typ 70X0B
Leistung: 44 kW / 60 PS
Hubraum: 1896 ccm
Drehzahl: 3700

Farbe: RAL3000/9010

Länge: 5107 mm
Höhe: 2230 mm
Breite: 1840 mm
Radstand: 2430 mm

Eigengewicht:
Gesamtgewicht:

Sonstiges:
Kombi FF Werderau
Verpflegungsfahrzeug

gebraucht gekauft

Kombi

Kennzeichen: N - 2338
Farbe: RAL 3000/9010

Baujahr: 1992
Zulassung: 02.02.1993
In Dienst:
Außer Dienst: 02.2011

Länge: 4616 mm
Höhe:
Breite: 1972 mm
Radstand:

Fahrzeughersteller:
Ford FT 100 Diesel

Eigengewicht: 1645 kg
Gesamtgewicht: 2650 kg

Aufbauhersteller:

Stationiert auf FW
Funkrufname: 1/80/1

Motor: 4 Zyl. Reihe
Leistung: 55 kW / 75 PS
Hubraum: 2496 ccm
Drehzahl: 4000

Sonstiges:
Kombi - 1
ab 1/2007 FW 4
Kombi - 4/4
ab 2009 Kombi 4/2

Baugleich
N - 2393; Kombi - 3
Baujahr: 1993
Außer Dienst: 07.2009
ab 1996 Kombi - 4/1
ab 2002 Kombi - 4/4
ab 2005 Kombi - 5
ab 2008 FF Laufamholz
Florian 18/80/1

Kombi

Kennzeichen: N - 20505
Farbe: RAL 3000/9010

Baujahr: 1995
Zulassung: 01.09.1995
In Dienst:
Außer Dienst:

Länge: 5657 mm
Höhe: 2850 mm
Breite: 2021 mm
Radstand:

Fahrzeughersteller:
Ford FT 150 Typ ENL
Pritsche/Doppelkabine

Eigengewicht: 2240 kg
Gesamtgewicht: 3250 kg

Aufbauhersteller:
Albert Fahrzeugbau

Stationiert auf FW 3
Funkrufname: 3/80/1

Motor: 4 Zyl.
Leistung: 76 PS
Hubraum: 2500 ccm
Drehzahl: 4000

Sontiges:
Kombi - 3

ab 200? FF Laufamholz
Florian 18/50/1

Kombi

Kennzeichen: N - 2946
Farbe: RAL 3000

Baujahr: 1999
Zulassung: 26.03.1999
In Dienst:
Außer Dienst:

Länge: 5855 mm
Höhe: 2850 mm
Breite: 1995 mm
Radstand:

Fahrzeughersteller:
Daimler Chrysler Sprinter
212 D Typ 902 DoKa

Eigengewicht: 1995 kg
Gesamtgewicht: 2950 kg

Aufbauhersteller: BFN
A. u. G. Henke, Nürnberg

Stationiert auf FW 4
Funkrufname: 4/80/3

Motor: 5 Zyl. Reihe
Leistung: 75 KW
Hubraum: 2874 ccm
Drehzahl: 3400

Sonstiges:
Kombi - 4/3

Steckblaulicht
Türbeschriftung nur Stadt Nürnberg
Fahrzeug der Aubildungsabteilung

Kombi

Kennzeichen: N - 2285 Farbe: RAL 3000/9010

Baujahr: 2002
Zulassung: 21.01.2002
In Dienst:
Außer Dienst:

Länge: 5750 mm
Höhe: 2800 mm
Breite: 2350 mm
Radstand:

Fahrzeughersteller:
Daimler Chrysler Sprinter 311 CDI Typ C

Eigengewicht:
Gesamtgewicht: 3200 kg

Aufbauhersteller:

Sonstiges:
Kombi - 2

Stationiert auf FW 2
Funkrufname: 2/80/1

Motor: 4 Zyl. Diesel
Leistung: 109 PS
Hubraum: 2148 ccm
Drehzahl: 3800

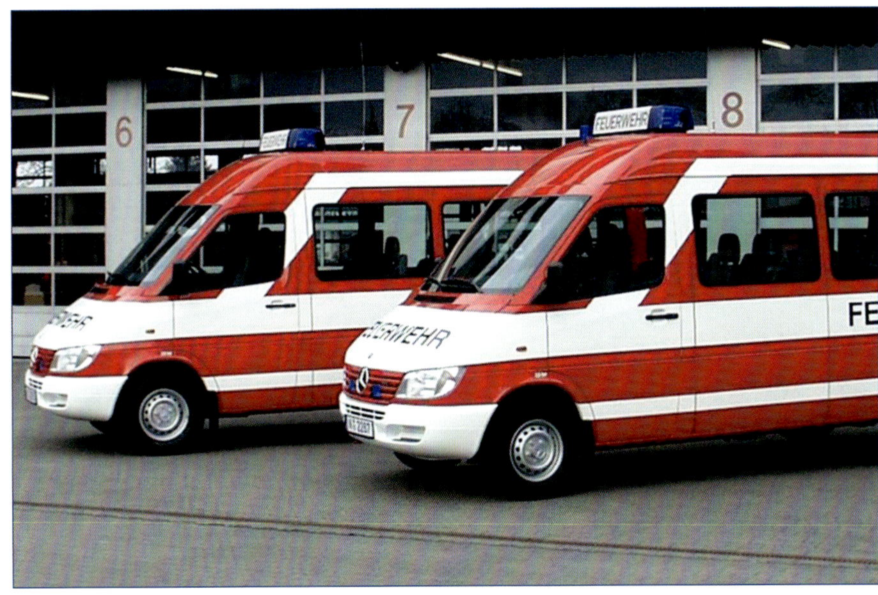

Kombi

Kennzeichen: N - 2553 Farbe: RAL 3000/9010

Baujahr: 2005
Zulassung: 11.2005
In Dienst: 12.2005
Außer Dienst

Länge: 4890 mm
Höhe: 2360 mm
Breite: 1935 mm
Radstand: 3000 mm

Fahrzeughersteller:
Daimler Chrysler Sprinter 313 cdi

Eigengewicht: 1870 kg
Gesamtgewicht: 2590 kg

Sonstiges:
Dachgepäckträger mit Steckleiterteilen

Aufbauhersteller:
Hensel Fahrzeugbau

Stationiert bei
FF Fischbach
Funkrufname: 21/80/1

Motor: 4 Zyl. Reihe
Leistung: 95 kW/129 PS
Hubraum: 2148 ccm
Drehzahl: 3800

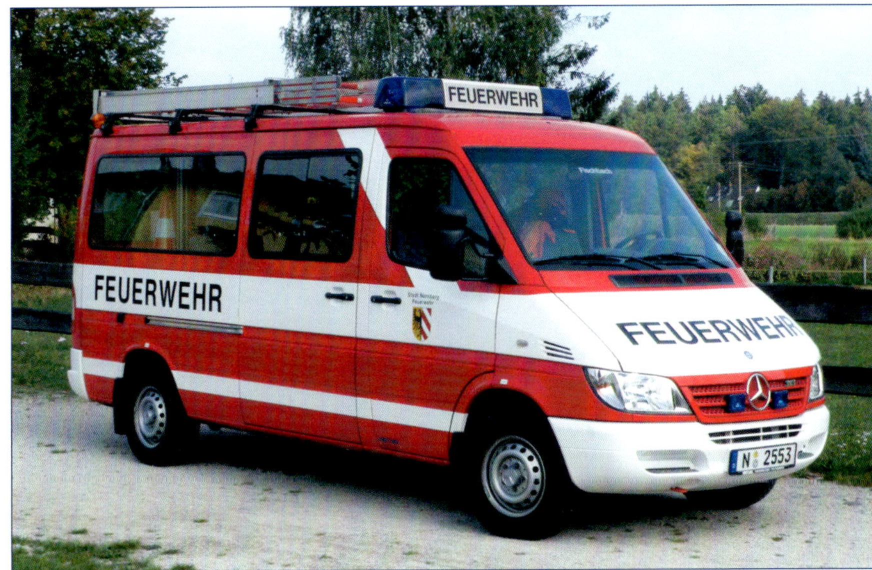

Kombi

Kennzeichen: N - 2287
Farbe: RAL 3000/9010

Baujahr: 2002
Zulassung: 21.01.2002
In Dienst:
Außer Dienst:

Länge: 5750 mm
Höhe: 2800 mm
Breite: 2350 mm
Radstand:

Fahrzeughersteller:
Daimler Chrysler Sprinter
311 CDI Typ C

Eigengewicht:
Gesamtgewicht: 3500 kg

Aufbauhersteller: BFN

Stationiert bei
FF Werderau
Funkrufname: 28/50/1

Sonstiges:
Kombi - 4/1
ab 2008 Kombi - 5/1
ab 2017 FF Werderau
Verpflegungsfahrzeug

Motor: 4 Zyl. Diesel
Leistung: 109 PS
Hubraum: 2148 ccm
Drehzahl: 3800

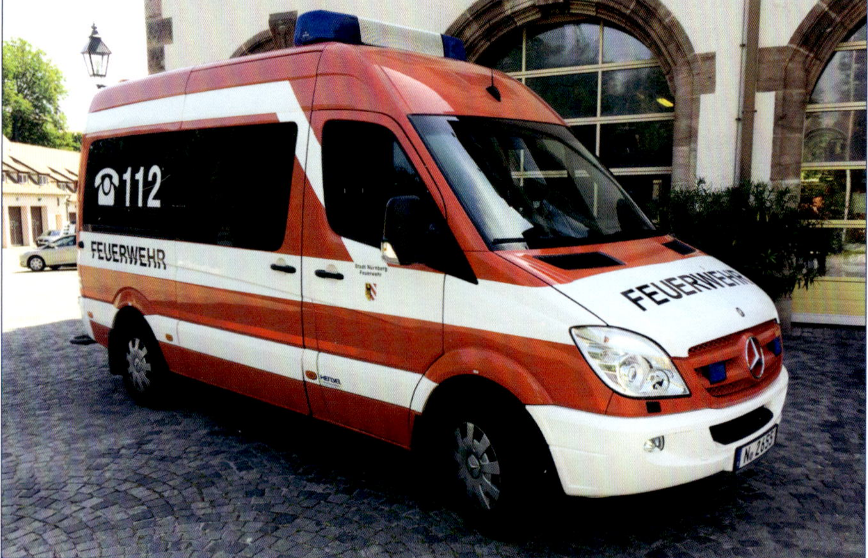

Kombi

Kennzeichen: N - 2655
Farbe: RAL 3000/9010

Baujahr: 2006
Zulassung:
In Dienst: 01.2007
Außer Dienst:

Länge: 5910 mm
Höhe: 2850 mm
Breite: 2425 mm
Radstand: 3665 mm

Fahrzeughersteller:
Daimler Chrysler Sprinter
311 CDI

Eigengewicht: 2685 kg
Gesamtgewicht: 3500 kg

Aufbauhersteller: BFN
Hensel Fahrzeugbau

Sonstiges:
Kombi - 1
Kurierfahrzeug

Stationiert auf FW 1
Funkrufname 1/80/1

ESP/Bi-Xenon
Scheinwerfer
Klimaanlage
Standheizung
Auffahrrampe
9-Sitzer

Motor: 4 Zyl. Diesel
Leistung: 109 PS
Hubraum: 2148 ccm
Drehzahl: 3800

Kombi

Kennzeichen: N - FW 412
Farbe: RAL 3000/9010

Baujahr: 2007
Zulassung: 01.2008
In Dienst: 02.2008
Außer Dienst

Länge: 5910 mm
Höhe: 2850 mm
Breite: 2425 mm
Radstand: 3665 mm

Fahrzeughersteller:
Mercedes Sprinter
311 CDI Typ C

Eigengewicht: 2685 kg
Gesamtgewicht: 3500 kg

Aufbauhersteller:
Hensel Fahrzeugbau

Sonstiges:
Kombi - 4/1

Stationiert auf FW 4
Funkrufname: 4/80/1

6 Gang Schaltgetriebe
mittelhohes Dach

Motor: 4 Zyl. Reihe
EURO 4
Leistung: 109 PS
Hubraum: 2148 ccm
Drehzahl: 3800

Kombi

Kennzeichen: N - FW 126
Farbe: Weiß mit Werbung

Baujahr: 2010
Zulassung:
In Dienst:
Außer Dienst:

Länge: 4956 mm
Höhe: 2316 mm
Breite: 1974 mm
Radstand: 2973 mm

Fahrzeughersteller:
Ford Transit FT

Eigengewicht:
Gesamtgewicht: 2058 kg

Aufbauhersteller:

Sonstiges:
Kombi - 1/2

Stationiert auf FW 1
Funkrufname: ohne Funk

Fahrzeug für die Jugendfeuerwehr, Freiwillige Feuerwehr Nürnberg und Sanitätsabteilung

Motor: 4 Zyl.
Leistung: 63 kW
Hubraum: 2158 ccm
Drehzahl: 3500

MZF

Kennzeichen: N-FW 4111
Farbe: RAL 3000/9010

Baujahr: 2013
Zulassung:
In Dienst:
Außer Dienst:

Länge: 5932 mm
Höhe: 2590 mm
Breite: 1993 mm
Radstand: 3924 mm

Fahrzeughersteller:
Mercedes Sprinter
316 CDI

Eigengewicht: 2090 kg
Gesamtgewicht: 5000 kg

Aufbauhersteller:
Ziegler

Sonstiges:
MZF - 4/1

Stationiert auf FW 4
Funkrufname: 4/11/1

Motor: 4 Zyl.
Leistung: 163 PS
Hubraum: 2143 ccm
Drehzahl: 3800

MTW

Kennzeichen: N-FW 2714
Farbe: RAL 3000/9010

Baujahr: 2018
Zulassung:
In Dienst:
Außer Dienst:

Länge: 5470 mm
Höhe: 2355 mm
Breite: 1990 mm
Radstand: 3250 mm

Fahrzeughersteller:
Mercedes Sprinter
316 CDI

Eigengewicht:
Gesamtgewicht: 3500 kg

Aufbauhersteller:
Compoint

Sonstiges:
Besatzung bis 8 Mann mit Rollwagensystem

Stationiert bei
FF Gartenstadt
Funkrufname: 27/14/1

Motor: 4 Zyl.
Leistung: 163 PS
Hubraum: 2143 ccm
Drehzahl: 3800

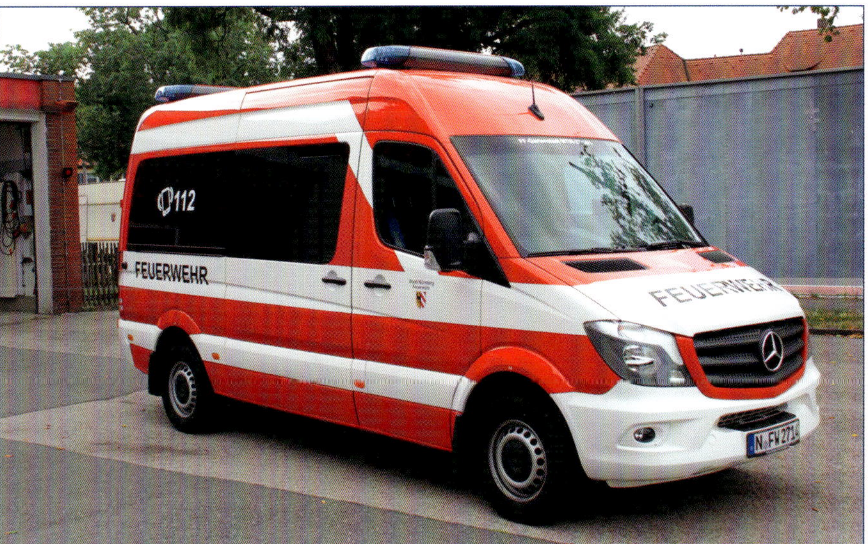

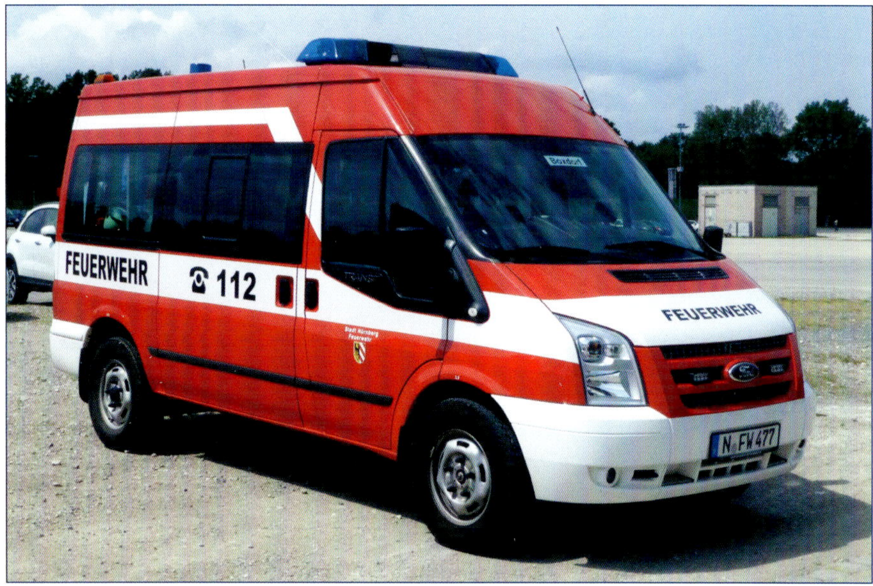

MZF

Kennzeichen: N - FW 477 Farbe: RAL 3000/9010

Baujahr: 2012
Zulassung: 21.01.2002
In Dienst:
Außer Dienst:

Länge: 5750 mm
Höhe: 2800 mm
Breite: 2350 mm
Radstand:

Fahrzeughersteller:
Ford Transit

Eigengewicht:
Gesamtgewicht: 3200 kg

Aufbauhersteller:

Sonstiges:
Mehrzweckfahrzeug

Stationiert bei
FF Boxdorf
Funkrufname: 13/11/1

Motor: 4 Zyl. Diesel
Leistung: 109 PS
Hubraum: 2148 ccm
Drehzahl: 3800

MTW

Kennzeichen: N-FW 1514 Farbe: RAL 3000/9010

Baujahr: 2018
Zulassung: 2018
In Dienst:
Außer Dienst:

Länge: 6186 mm
Höhe: 2590 mm
Breite: 1935 mm
Radstand:

Fahrzeughersteller:
VW Crafter

Eigengewicht:
Gesamtgewicht: 3500 kg

Aufbauhersteller:
Compoint

Stationiert bei
FF Neunhof
Funkrufname: 15/14/1

Motor: 4 Zyl. Reihe
Leistung: 130kW/177PS
Hubraum: 2148 ccm
Drehzahl: 3800

Sonstiges:

Je nach Alarmstichwort Besatzung 1/3 bzw. 1/7
Das Fahrzeug dient als Mannschaftstransportwagen und kann mit Rollwagen ausgestattet werden.

2 Rollwagen Unwetter
1 Rollwagen Transport

MTW

Kennzeichen: N-FW 1400 Farbe: RAL 3000/9010

Baujahr: 2019
Zulassung:
In Dienst:
Außer Dienst:

Länge: 5996 mm
Höhe: 2590 mm
Breite: 2040 mm
Radstand: 3640 mm

Fahrzeughersteller:
VW Crafter

Eigengewicht:
Gesamtgewicht:

Aufbauhersteller:
Compoint

Sonstiges:
MTW - 4/1

Stationiert auf FW 4
Funkrufname: 4/14/1

Motor: 4 Zyl. Euro 6
Leistung: 130 kW
Hubraum: 2461 ccm
Drehzahl: 3500

LKW

Kennzeichen: AB 777822 Farbe:

Baujahr: 1940
Zulassung: 10.06.1952
In Dienst:
Außer Dienst: 06.1956

Länge:
Höhe: 1480 mm
Breite: 1490 mm
Radstand: 2600 mm

Fahrzeughersteller:
DKW (Kastenwagen)

Eigengewicht: 890 kg
Gesamtgewicht: 1290 kg

Aufbauhersteller:
Auto Union

Stationiert auf FW 1

Motor: 2 Zyl. 2 Takt
Leistung: 20 PS
Hubraum: 690 ccm
Drehzahl:

Sonstiges:
LKW - 1
1952 vom Städtischen Reinigungs- und Fuhramt übernommen
ab 1956 Nachrichten-abteilung
LKW - N/ 1

LKW

Kennzeichen: N - 2619
AB 777 894
Pol 11590
AB 434 617

Farbe: Polizeigrün

Länge:
Höhe: 2750 mm
Breite: 2350 mm
Radstand: 4600 mm

Baujahr: 1942
Zulassung: 28.01.1943
Außer Dienst: 01.1966

Eigengewicht: 5480 kg
Gesamtgewicht:10600 kg

Fahrzeughersteller:
Daimler-Benz L 4500 F

Aufbauhersteller:
Carl Metz, Karlsruhe

Stationiert auf FW 2
Funkrufname:

Motor: 6 Zyl. Diesel OM 67/4
Leistung: 120 PS
Hubraum: 7274 ccm
Drehzahl:

Sonstiges:
In Dienst als GLG - 4
1945 beschlagnahmt
1953 vom Flughafen Obertraubling zurück als LKW 4,5 t Nutzlast
ab 1953 FW 2; LKW - ?
ab 1956 FW 1; LKW - 3

LKW

Kennzeichen: AB777 820
IIN 26101
Pol 122429
BY 699403

Farbe:

Länge: 3800 mm
Höhe: 1650 mm
Breite: 1470 mm
Radstand:

Baujahr: 1930
Zulassung: 1946
In Dienst:
Außer Dienst: 03.1955

Eigengewicht: 780 kg
Gesamtgewicht: 1130 kg
Ladefläche:
1320 x 1370 x 420 mm

Fahrzeughersteller:
DKW 0,5 t

Aufbauhersteller:
Auto Union

Stationiert auf
Feuerwache Kornmarkt

Motor: 2 Zyl. 2 Takt
Leistung: 20 PS
Hubraum: 690 ccm
Drehzahl: 3500

Sonstiges:
LKW - 3
1943 gebraucht gekauft
1955 an DESI verkauft

LKW

Kennzeichen: AB 777 811
IIN 26150
BY 699443
BY 699453

Baujahr: 1941
Zulassung: 19.09.1941
In Dienst:
Außer Dienst: 05.1957

Fahrzeughersteller:
Klöckner-Humboldt-Deutz, Ulm
Magirus S3000

Aufbauhersteller:

Stationiert auf FW 2

Motor: 4 Zyl. Diesel
Leistung: 80 PS
Hubraum: 4942 ccm

Farbe: 1946 Grau
ab 1951 Grün

Länge: 5850 mm
Höhe: 2400 mm
Breite: 2120 mm
Radstand:

Eigengewicht: 3500 kg
Gesamtgewicht: 7100 kg
Ladefläche:
3300 x 1900 x 330 mm

Sonstiges:
1945 von Fsch.Pol. übernommen
ab 1946 FW 2; Lw - 41
ab 1950 LKW - 4
ab 1956 FW 1; LKW - 2

LKW

Kennzeichen: AB 777809
IIN 26147
BY 699432

Baujahr: 1941
Zulassung: 1946
In Dienst:
Außer Dienst: 08.1952

Fahrzeughersteller:
Daimler Benz L 1500
1,5 to

Aufbauhersteller:

Stationiert auf ?

Motor: 6 Zyl. Otto
Leistung: 47 PS
Hubraum: 2594 ccm
Drehzahl:

Farbe: Grün

Länge:
Höhe:
Breite:
Radstand:

Eigengewicht: 2250 kg
Gesamtgewicht: 3700 kg
Ladefläche:
3000 x 1850 x 500 mm

Sonstiges:
LKW
ab 1945 Lw - 3
ab 1950 LKW - 3
ab 1951 LKW - Reserve
Brandgraben

LKW

Kennzeichen: N - 2617
AB 777529

Baujahr: 1953
Zulassung: 22.07.1953
In Dienst:
Außer Dienst: 1963

Fahrzeughersteller:
VW T1 Type 26A/M78
226 Pritsche

Aufbauhersteller:

Stationiert auf FW 2
Funkrufname:

Motor: 4 Zyl. Benzin
Leistung: 30 PS
Hubraum: 1131 ccm
Drehzahl:

Farbe: RAL 3000

Länge: 4140 mm
Höhe: 2230 mm
Breite: 1710 mm
Radstand: 1184 mm

Eigengewicht: 1035 kg
Gesamtgewicht: 1820 kg

Preis: 6.490,- DM

Sonstiges:
LKW - SK
ab 1956 FW 3; KLKW - 3

mit Plane u. Spriegel

LKW

Kennzeichen: N - 2943

Baujahr: 1960
Zulassung: 29.12.1960
In Dienst:
Außer Dienst: 06.1974

Fahrzeughersteller:
MAN 415 L1 KA Allrad

Aufbauhersteller:
F.X. Meiller

Stationiert auf FW 1
Funkrufname: Fl. 6

Motor: 6 Zyl Diesel
Leistung: 115 PS
Hubraum: 5888 ccm
Drehzahl:

Farbe: RAL 3000

Länge: 6800 mm
Höhe: 2400 mm
Breite: 2400 mm
Radstand:

Eigengewicht: 5000 kg
Gesamtgewicht: 9600 kg
Ladefläche:
3800 x 2100 x 400 mm

Preis: 32.500.- DM

Sonstiges:
LKW - 1
1974 ausgemustert nach Unfall

LKW

Kennzeichen: N - 2448

Baujahr: 1965
Zulassung: 27.09.1965
In Dienst:
Außer Dienst: 1998

Fahrzeughersteller:
MAN 520 HA

Aufbauhersteller:
MAN, offene Pritsche

Stationiert auf FW 1
Funkrufname: Fl. 48

Motor: 6 Zyl. D0026M2
Leistung: 120 PS
Hubraum: 5850 ccm
Drehzahl: 2700

Farbe: RAL 3000

Länge:
Höhe:
Breite:
Radstand: 4200 mm

Eigengewicht: 4900 kg
Gesamtgewicht:10400 kg
Pritsche:
4900 x 2150 mm

Preis: 32.075,- DM

Sonstiges:
LKW - 2
ab 1970/71 FW 2; Fl. 67
ab 01.1973 FW 3; Fl. ?
ab 197? FW 2; 2/81/1
ab 02.1996 FW 1; 1/81/2
ab 1998 zum Museum

LKW

Kennzeichen: N - 2223

Baujahr: 1974
Zulassung: 27.11.1974
In Dienst:
Außer Dienst: 01.2003

Fahrzeughersteller:
MAN 11.136 HA.K

Aufbauhersteller:
F.X. Meiller

Stationiert auf FW 1
Funkrufname: 1/81/1

Motor: 6 Zyl. Reihe Saviem Diesel
Leistung: 136 PS
Hubraum: 5490 ccm
Drehzahl:

Farbe: RAL 3000

Länge: 6600 mm
Höhe: 2860 mm
Breite: 2500 mm
Radstand:

Eigengewicht: 5800 kg
Gesamtgewicht: 11400 kg

Sonstiges:
LKW - 1

ab 1992 FW 3; 3/81/1
ab 1994 FW 1; 1/81/1

Ladekran
3-Seiten Kipper

LKW

Kennzeichen: N - FW 305

Baujahr: 2001
Zulassung:
In Dienst: 2017
Außer Dienst:

Fahrzeughersteller:
Mercedes-Benz
Atego 815

Aufbauhersteller:
BFN

Stationiert auf FW 4
Funkrufname: ohne Funk

Motor: 4 Zyl. Diesel
Leistung: 150 PS
Hubraum: 4249 ccm
Drehzahl:

Farbe: Orange

Länge: 6950 mm
Höhe: 2550 mm
Breite: 2550 mm
Radstand:

Eigengewicht: 4990 kg
Gesamtgewicht: 7490 kg

Sonstiges:
LKW - Ausbildungsabteil.

Ladebordwand
gebraucht gekauft

Störwagen

Stöw

Kennzeichen: Pol 11558

Baujahr: 1934
Zulassung: 01.10.1934
In Dienst:
Außer Dienst: 1945

Fahrzeughersteller:
Goliath L500 (vierrädig)

Aufbauhersteller:
Hans Loyd

Stationiert auf
Feuerwache Kornmarkt

Motor: 4 Zyl. Otto
Leistung: 14 PS
Hubraum: 490 ccm
Drehzahl:

Farbe:

Länge:
Höhe:
Breite:
Radstand:

Eigengewicht: 710 kg
Gesamtgewicht: 1550 kg

Preis: 1.667,- RM

Sonstiges:
Stöw - 1 (Störwagen)

bei Kriegsende abhanden gekommen

Stöw

Kennzeichen: Pol 11559
AB 777812

Baujahr: 1936
Zulassung: 20.06.1936
In Dienst:
Außer Dienst: 1945

Fahrzeughersteller:
Opel 3/4 to

Aufbauhersteller:
Berufsfeuerwehr Nürnberg

Stationiert auf FW 1

Motor: 4 Zyl. Otto
Leistung: 26 PS
Hubraum: 1279 ccm
Drehzahl:

Farbe:

Länge: 3900 mm
Höhe: 1700 mm
Breite: 1400 mm
Radstand:

Eigengewicht: 840 kg
Gesamtgewicht: 1365 kg

Preis: 2.355.- RM

Sonstiges:
Stöw - 3 (Störwagen)
für Hydrantenüberprüfung

Stöw

Kennzeichen: AB 777810
BY 699452

Baujahr: 1944
Zulassung: 1948
In Dienst:
Außer Dienst: 08.1952

Fahrzeughersteller:
Opel - Blitz 3,5 to

Aufbauhersteller:

Stationiert auf
Feuerwache Kornmarkt

Motor: 6 Zyl.
Leistung: 75 PS
Hubraum: 3626 ccm
Drehzahl:

Farbe:

Länge: 5700 mm
Höhe: 2200 mm
Breite: 2250 mm
Radstand:

Eigengewicht: 2550 kg
Gesamtgewicht: 6500 kg

Sonstiges:
Stöw - 4 (Störwagen)

ab1945 Lw - 31
ab 1950 LKW - 31
1952 ausgeschlachtet
Motor in TLF 15-1
eingebaut

Stöw

Kennzeichen: IIN ?

Baujahr: 1928
Zulassung:
In Dienst:
Außer Dienst: 1934

Fahrzeughersteller:
Goliath, Dreirad

Aufbauhersteller:

Stationiert auf
Feuerwache Kornmarkt

Motor: 2 Zyl. 2 Takt
Leistung: 5,5 PS
Hubraum: 250 ccm
Drehzahl: 2400

Farbe:

Länge:
Höhe:
Breite:
Radstand: 2950 mm

Eigengewicht: 1100 kg
Gesamtgewicht: 1800 kg

Sonstiges:
Stöw - 1 (Störwagen)

SSK

Kennzeichen: AB 777813
IIN 26131
BY699437

Baujahr: 1943
Zulassung: 1946
In Dienst:
Außer Dienst: 03.1953

Fahrzeughersteller:
KHD, Ulm S3000

Aufbauhersteller:
Magirus, Ulm

Stationiert auf FW 1

Motor: 4 Zyl. Diesel
Leistung: 80 PS
Hubraum: 4942 ccm
Drehzahl:

Farbe:

Länge:
Höhe:
Breite:
Radstand:

Eigengewicht: 6875 kg
Gesamtgewicht: 7050 kg

Sonstiges:
SSK
ab 1945 Stöw - H/1
ab 1950 LKW - H/2

1953 an Städt.Werke
GW/R abgegeben

Arw

Kennzeichen: IIN ?

Baujahr:
Zulassung: 12.1919
In Dienst: 1919
Außer Dienst: 1935

Fahrzeughersteller:
Opel 14/30 1,5-2

Aufbauhersteller:
Berufsfeuerwehr
Nürnberg

Stationiert auf FW 1

Motor: 4 Zyl. Otto
Leistung: 30 PS
Hubraum:
Drehzahl:

Farbe:

Länge:
Höhe:
Breite:
Radstand:

Eigengewicht:
Gesamtgewicht: 4260 kg

Sonstiges:
Arw - 5 (Arbeitswagen)

Indienststellung 1919
von Heeresverwaltung
übernommen

Baujahr unbekannt

Arw

Kennzeichen: IIN ?

Baujahr: 1925 od.1926
Zulassung: 10.1926
In Dienst:
Außer Dienst:

Fahrzeughersteller:
Ley U12L 2,0 to

Aufbauhersteller:
Berufsfeuerwehr
Nürnberg

Stationiert auf
Feuerwache Kornmarkt

Motor: 4 Zyl.
Leistung: 45 PS
Hubraum:
Drehzahl:

Farbe:

Länge:
Höhe:
Breite:
Radstand:

Eigengewicht:
Gesamtgewicht: 2010 kg

Sonstiges:
Arw - 4 (Arbeistwagen)
ab 193? FW 2; Arw - 4
ab 1935 Reserve Arw

bei Kriegsende abhanden
gekommen

Arbeitswagen

Arw

Kennzeichen: Pol 11553 Farbe:

Baujahr: 1930
Zulassung: 11.1930
In Dienst: 1935 als ARW
Außer Dienst: 1945

Länge:
Höhe:
Breite:
Radstand:

Fahrzeughersteller:
MAN 2,5 to

Eigengewicht:
Gesamtgewicht: 5000 kg

Aufbauhersteller:
Berufsfeuerwehr
Nürnberg

Sonstiges:
Arw - 4 (Arbeitswagen)

1935 aus GW - 1 zum
Arw umgebaut

Stationiert auf FW 2

Motor: 4 Zyl.
Leistung: 55/65 PS
Hubraum: 7432 ccm
Drehzahl:

Arw

Kennzeichen: Pol 11554 Farbe:

Baujahr: 1929
Zulassung: 08.1929
In Dienst: 1935 als ARW
Außer Dienst: 1945

Länge: 6800 mm
Höhe: 3000 mm
Breite: 2220 mm
Radstand:

Fahrzeughersteller:
MAN 3,5 to

Eigengewicht: 5200 kg
Gesamtgewicht: 7600 kg

Aufbauhersteller:
Berufsfeuerwehr
Nürnberg

Sonstiges:
Arw - 5 (Arbeitswagen)

1935 aus GW - 4 zum
ARW umgebaut

Stationiert auf FW 1

Motor: 4 Zyl.
Leistung: 65 PS
Hubraum: 7427 ccm
Drehzahl:

Arw-3

Kennzeichen: IIN ?

Farbe:

Baujahr:
Zulassung: 02.1920
In Dienst: 02.1920
Außer Dienst: 1935

Länge: 6350 mm
Höhe: 2700 mm
Breite: 2000 mm
Radstand: 4100 mm

Fahrzeughersteller:
Faun-Regelwagen 3,0 to

Eigengewicht:
Gesamtgewicht: 5870 kg

Aufbauhersteller:
Berufsfeuerwehr
Nürnberg

Sonstiges:

Von Heeresverwaltung
übernommen

Stationiert auf FW 1
Funkrufname:

Motor: 4 Zyl.
Leistung: 40 PS
Hubraum:
Drehzahl:

Arw-3

Kennzeichen: Pol 11552 Farbe:

Baujahr: 1931
Zulassung: 1931
In Dienst: 1936 als Arw
Außer Dienst: 1945

Länge: 6800 mm
Höhe: 3150 mm
Breite: 2250 mm
Radstand:

Fahrzeughersteller:
MAN 2,5 to

Eigengewicht: 3800 kg
Gesamtgewicht: 5500 kg

Sonstiges:

1936 aus GW - 3 zum
Arw umgebaut

Aufbauhersteller:
Berufsfeuerwehr
Nürnberg

Stationiert auf FW 1
Funkrufname:

Motor: 4 Zyl.
Leistung: 65 PS
Hubraum: 7430 ccm
Drehzahl:

Arw

Kennzeichen: AB777 807
IIN 26141
Pol 11551
BY699418

Baujahr: 1933
Zulassung:
In Dienst: 12.02.1925
Außer Dienst: 12.1950

Fahrzeughersteller:
Opel Blitz 3 L 2,5 to

Aufbauhersteller:
Berufsfeuerwehr Nürnberg

Stationiert auf Feuerwache Kornmarkt

Motor: 6 Zyl
Leistung: 65 PS
Hubraum: 3417 ccm

Farbe: Grau

Länge: 5798 mm
Höhe: 2440 mm
Breite: 2125 mm
Radstand: 4650 mm

Eigengewicht: 2595 kg
Gesamtgewicht: 5000 kg

Preis: 7.201.- RM

Sonstiges:
Arw - 1 (Arbeitswagen)

In Dienst: 11.1934
Aufbau von Arw - 5 Opel

Arw

Kennzeichen: AB 777812
BY 699451

Baujahr: 1936
Zulassung: 1945
In Dienst:
Außer Dienst: 08.1953

Fahrzeughersteller:
Opel Olympia 1,3

Aufbauhersteller:

Stationiert auf FW 2
Funkrufname:

Motor: 4 Zyl.
Leistung: 26 PS
Hubraum: 1279 ccm
Drehzahl:

Farbe:

Länge: 3950 mm
Höhe: 1700 mm
Breite: 1430 mm
Radstand:

Eigengewicht: 860 kg
Gesamtgewicht: 1365 kg

Ladefläche:
1400 x 1200 x 1000 mm

Sonstiges:
Arw - 42 (Arbeitswagen)

ab 1945 Lw - 42 für Schlauchkammer
ab 1950 LKW - SK

MzF

Kennzeichen: N - 2580
AB 777 800

Baujahr: 1955
Zulassung: 06.1955
In Dienst:
Außer Dienst: 07.1975

Fahrzeughersteller:
Mercedes Benz
Unimog 401

Stationiert auf FW 1
Funkrufname:

Motor: Diesel
OM 636
Leistung: 25 PS
Hubraum: 1767 ccm
Drehzahl: 2350

Farbe: RAL 3000

Länge: 3570 mm
Höhe: 2100 mm
Breite: 1630 mm
Radstand:

Eigengewicht: 2150 kg
Gesamtgewicht: 3150 kg

Pumpe: FPMAP 8/8

Sonstiges:
Mehrzweckfahrzeug
Zugfahrzeug für Anhänger

Seilwinde 3,5 t
70 m - 0,7 m/s
Wendekreis 3,8 m

Geländewagen

Glw

Kennzeichen: AB 777452
BY 803563

Baujahr: 1943
Zulassung: 1947
In Dienst:
Außer Dienst: 10.1951

Fahrzeughersteller:
General Motors Dodge

Aufbauhersteller:

Stationiert bei
FF Buchenbühl

Motor:
Leistung: 60 PS
Hubraum: 3742 ccm
Drehzahl:

Farbe: RAL

Länge: 2030 mm
Höhe: 2040 mm
Breite: 2000 mm
Radstand:

Eigengewicht: 2330 kg
Gesamtgewicht: 3960 kg

Pumpe: TS-8

Preis: 2.539.- DM

Sonstiges:
Glw - 2 (Geländewagen)

Zugfahrzeug für TSA
ehem. FF Mühlhof
ab 1951 Glw - 3

1. Wasserrettungswagen

Kennzeichen: N - 2613

Baujahr: 1940
Zulassung: 13.01.1941
In Dienst:
Außer Dienst: 05.1962

Fahrzeughersteller:
Klöckner-Humboldt-Deutz
FS 145

Aufbauhersteller:
Mayer-Hagen

Stationiert auf FW 1
Funkrufname:

Motor: 6 Zyl. Diesel
Leistung: 125 PS
Hubraum: 9123 ccm
Drehzahl:

Farbe: Tannengrün
ab 1945 RAL 3000

Länge: 8700 mm
Höhe: 2700 mm
Breite: 2200 mm
Radstand:

Eigengewicht: 8070 kg
Gesamtgewicht: 9350 kg

Sonstiges:

1945 z. BF FW 1
1947 Umbau Rw - 2
1950 FW 1; RKW - 2
1956 FW 2; RÜW - 2
Umgebaut zum Wasser-
rettungswagen

WRW

Kennzeichen: N - 2990

Baujahr: 1961
Zulassung: ?
In Dienst:
Außer Dienst: 1972

Fahrzeughersteller:
Daimler Benz
Unimog S 404

Aufbauhersteller:
Carl Metz, Karlsruhe

Stationiert auf FW 2
Funkrufname: Fl. 11

Motor: 6 Zyl. Reihe
Leistung: 80 PS
Hubraum: 2195 ccm
Drehzahl: 4850

Farbe: RAL 3000

Länge: 4925 mm
Höhe: 2190 mm
Breite: 2140 mm
Radstand: 2900 mm

Eigengewicht: 2970 kg
Gesamtgewicht:

Sonstiges:

ab 196? Florian 42
ab 1971 Florian 64

Ersatz Wasserrettungswagen

Kennzeichen: N - 2595

Baujahr: 1956
Zulassung: 21.06.1957
In Dienst:
Außer Dienst: 02.1975

Fahrzeughersteller:
MAN 400 L1

Aufbauhersteller:
Carl Metz, Karlsruhe

Stationiert auf FW 1
Funkrufname: Fl. 31

Motor: 6 Zyl. Diesel
Leistung: 100 PS
Hubraum: 5211 ccm
Drehzahl: 2700

Farbe: RAL 3000

Länge:
Höhe:
Breite:
Radstand: 3600 mm

Eigengewicht: 6235 kg
Gesamtgewicht:10200 kg

Pumpe: FP 16/8
Löschmittel:2400l Wasser

Sonstiges:

ab 1965 FW 3; TLF - 16/3
Florian 33
1972 Umbau durch BFN
zum WRW Fl. 64

Gerätewagen Atemschutz – Wasserrettung

GW-AW

Kennzeichen: N - 2285

Baujahr: 1974
Zulassung: 16.11.1974
In Dienst:
Außer Dienst: 1999

Fahrzeughersteller:
MAN 11.168 HA LF

Aufbauhersteller:
Carl Metz, Karlsruhe

Stationiert auf FW 2
Funkrufname: 2/67/1

Motor: 6 Zyl.
Leistung: 168 PS
Hubraum: 7252 ccm
Drehzahl: 2500

Farbe: RAL 3024

Länge: 8380 mm
Höhe: 3070 mm
Breite: 2450 mm
Radstand:

Eigengewicht: 7120 kg
Gesamtgewicht:12760 kg

Sonstiges:
GW - AW
Gerätewagen
Atemschutz - Wasser-
rettung
ab 1977 FW 4; Fl. 4/67/1
1989 Umbau bei Metz
(Rolläden)
ab 1992 Fl. 4/54/1
5 kVA Stromerzeuger
tragbar
Seilwinde 45 kN

GW-AW

Kennzeichen: N - 2947
Farbe: RAL 3000/9010

Baujahr: 1998
Zulassung: 27.04.1999
In Dienst:
Außer Dienst:

Länge: 8500 mm
Höhe: 3500 mm
Breite: 2530 mm
Radstand: 4250 mm

Fahrzeughersteller:
MAN 10.224 LLC/43
Silent

Eigengewicht: 7610 kg
Gesamtgewicht: 10000 kg

Sonstiges:
GW - AW 4/2

Aufbauhersteller:
Albert Ziegler, Giengen
Hensel Fahrzeugbau
Waldbrunn

ab 2011 Fl. 4/53/2

Stationiert auf FW 4
Funkrufname: 4/53/1

Motor: 6 Zyl.
Leistung: 220 PS
Hubraum: 6871 ccm
Drehzahl: 2400

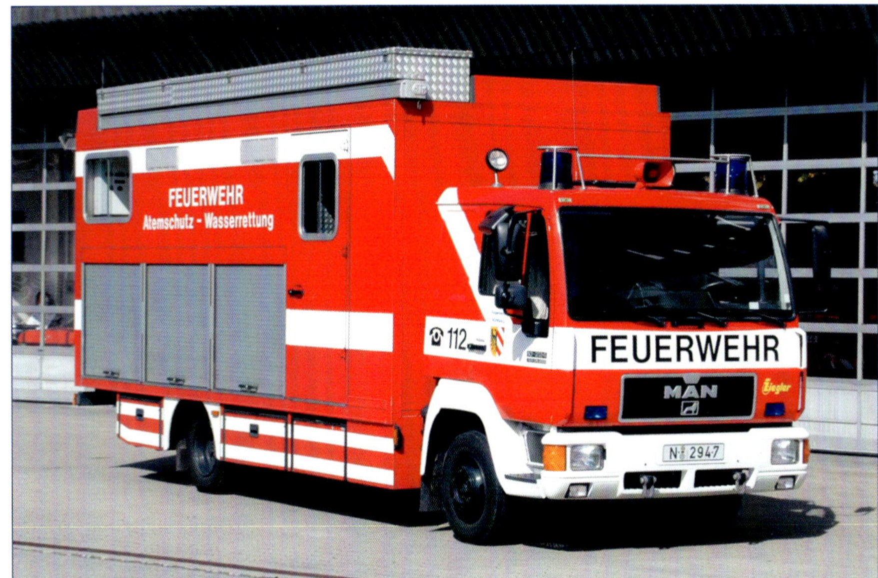

GW-AW

Kennzeichen: N - FW 541
Farbe: RAL 3000/9010

Baujahr: 2011
Zulassung:
In Dienst:
Außer Dienst:

Länge: 8150 mm
Höhe: 3450 mm
Breite: 2500 mm
Radstand:

Fahrzeughersteller:
MAN TGM 13.290 4x4 BL

Eigengewicht: 9140 kg
Gesamtgewicht: 15000 kg

Aufbauhersteller:
Rosenbauer, Linz

Sonstiges:
GW - AW 4/1

Stationiert auf FW 4
Funkrufname: 4/53/1

Motor: 6 Zyl.
Leistung: 213 kW
Hubraum: 6871 ccm
Drehzahl: 2300

Schlauchkraftwagen, Schlauchwagen

Schlw

Kennzeichen: IIN ?

Baujahr:
Zulassung: 06.1921
Fahrgestell
In Dienst:
Außer Dienst: 1935

Fahrzeughersteller:
Faun B 3,5 to

Aufbauhersteller:
Berufsfeuerwehr
Nürnberg

Stationiert auf FW 1

Motor: 4 Zyl. Benzin
Leistung: 40 PS
Hubraum:
Drehzahl:

Farbe:

Länge:
Höhe:
Breite:
Radstand:

Eigengewicht:
Gesamtgewicht: 6700 kg

Sonstiges:
Schlw - 1

Fahrgestell 1926 von ML - 3 übernommen und Aufbau von vorhandenen pferdegezogenen Schlauchwagen aufgesetzt

Schlw

Kennzeichen: Pol ?

Baujahr: 1943
Zulassung: 05.05.1943
In Dienst:
Außer Dienst:

Fahrzeughersteller:
Daimler Benz L 3000

Aufbauhersteller:
Carl Metz, Karlsruhe

Stationiert auf FW 1

Motor: 4 Zyl. Diesel
Leistung: 75 PS
Hubraum: 4849 ccm
Drehzahl: 2250

Farbe: Tannengrün

Länge: 6255 mm
Höhe: 2600 mm
Breite: 2350 mm
Radstand: 3800 mm

Eigengewicht: 4020 kg
Gesamtgewicht: 7040 kg

Preis: 17.737,- RM

Sonstiges:
Schlw - 3

Verbleib nach 1945 unbekannt

SW 1700

Kennzeichen: N - 2798

Baujahr: 1959
Zulassung: 01.06.1959
In Dienst:
Außer Dienst: 02.1977

Fahrzeughersteller:
MAN 415 L1A Allrad

Aufbauhersteller:
Carl Metz, Karlsruhe

Stationiert auf FW 1
Funkrufname: Fl. 45

Motor: 6 Zyl. Diesel
Leistung: 120 PS
Hubraum: 5850 ccm
Drehzahl:

Farbe: RAL 3000

Länge: 8140 mm
Höhe: 2600 mm
Breite: 2250 mm
Radstand: 4200 mm

Eigengewicht: 8795 kg
Gesamtgewicht:10200 kg

Sonstiges:
SW 1700 (Schlauchwagen mit 1700 m B - Schläuche)

ab 1967 FW 3
ab 1971 Florian 65
ab 1973 FW 2
ab 1975 Florian 2/50/1

FwA-AB

Kennzeichen: N - 2808
Farbe: Schwarz

Baujahr: 1987
Zulassung: ?
In Dienst:
Außer Dienst: 1992

Länge:
Höhe:
Breite:
Radstand:

Fahrzeughersteller:
Nutzfahrzeuge Rohr
Straubing

Eigengewicht:
Gesamtgewicht:

Aufbauhersteller:

Sonstiges:
1992 zur BF Würzburg

Stationiert auf FW 4
Funkrufname:

Das Bild zeigt den FwA - AB mit aufgesattelter Mulde

FwA-Beleuchtung

Kennzeichen: Pol ?
Farbe:

Baujahr: 1935
Zulassung: 02.09.1935
In Dienst:
Außer Dienst: 1945

Länge: 3100 mm
Höhe: 1300 mm
Breite: 1450 mm

Fahrzeughersteller:
Daimler Benz

Eigengewicht:
Gesamtgewicht: 780 kg

Aufbauhersteller:
Carl Metz, Karlsruhe

Preis: 4170,- RM

Stationiert auf FW 1

Sonstiges:
6 Fassadenstrahler
Siemens 6 kW
Drehstromdynamo

Motor: 2 Zyl. 2 Takt
Leistung: 11 PS
Hubraum: 670ccm
Drehzahl: 3000

Verbleib nach 1945 unbekannt

FwA-Beleuchtung

Kennzeichen: N - 2628
AB 778 902
BY 704A426
AB 844 902

Farbe: RAL 3000

Länge:
Höhe:
Breite:

Baujahr: 1943
Zulassung: 1943 TSA
1946 BLW
Außer Dienst:

Eigengewicht: 600 kg
Gesamtgewicht: 1000 kg

Fahrzeughersteller:
Bachert

Sonstiges:
ab 196? FW 2
ab 1963 FW 1

Aufbauhersteller:
Bachert / Zündapp

Stationiert auf FW 1

Motor: 2 Zyl.
Leistung: 17 PS
Hubraum: 600 ccm
Generator: 7,5 kW

FwA-CO_2

Kennzeichen: Pol ?

Baujahr: 1935
Zulassung: 20.10.1935
In Dienst:
Außer Dienst: 1945

Fahrzeughersteller:
Carl Metz, Karlsruhe

Aufbauhersteller:
Carl Metz, Karlsruhe

Stationiert auf FW 1

Farbe: RAL 6009

Länge:
Höhe:
Breite:

Eigengewicht:
Gesamtgewicht:

Sonstiges:
8 Stahlflaschen mit 240 l Kohlenstoffdioxid
2 Schnee-, 1 Nebelrohr
100 m Hochdruck-schlauch

Verbleib nach 1945 unbekannt

FwA-CO_2

Kennzeichen: N - 2629
AB 778 903
BY 704A428
AB 844 903

Baujahr: 1943
Zulassung: 1946
In Dienst:
Außer Dienst: 1982

Fahrzeughersteller:
Carl Metz, Karlsruhe

Aufbauhersteller:
Carl Metz / Total

Stationiert auf FW 1

Farbe: RAL 3000

Länge:
Höhe:
Breite:

Eigengewicht: 637 kg
Gesamtgewicht: 1000 kg

Sonstiges:
Aus Beschaffung LLG und TSA 5/43

FwA-Hubschrauberaußenlastbe.

Kennzeichen: N - 2067

Baujahr: 1979
Zulassung: 03.12.1979
In Dienst:
Außer Dienst: 2019

Fahrzeughersteller:

Aufbauhersteller:
Kunststofftechnik Willi Greibke, Uelzen

Stationiert auf FW 4
Funkrufname: WF Flugh

Farbe: RAL 3000

Länge:
Höhe:
Breite:

Eigengewicht:
Gesamtgewicht:

Sonstiges:

2 Löschwasserbehälter á 5500 l Fassungsvermögen

ab 1996 FF Almoshof
ab 2004 WF Flughafen

FwA-Lima

Kennzeichen: N - 2247

Baujahr: 1971
Zulassung: 17.12.1971
In Dienst:
Außer Dienst: 05.1985

Fahrzeughersteller:
Polyma Energiesysteme
Kassel

Aufbauhersteller:
Polyma PL 16/12

Stationiert auf FW 1

Farbe: RAL 3000

Länge: 4100 mm
Höhe: 2040 mm
Breite: 3400 mm

Eigengewicht: 1900 kg
Gesamtgewicht: 2000 kg

Preis: 43.900,- DM

Sonstiges:
12 m Höhe ausfahrbar
20 KvA/16kW Generator
mit VW - Motor
6 x 1500 W Scheinwerfer

05.1985 Verkauft an
FF Wendelstein
5000,- DM

FwA-Lima

Kennzeichen: N - 2335

Baujahr: 1984
Zulassung: 01.07.1985
In Dienst: 10.08.1985
Außer Dienst:

Fahrzeughersteller:
Polyma Energiesysteme
Kassel

Aufbauhersteller:
Polyma PL 16/9

Stationiert auf FW 1

Farbe: RAL 3000

Länge: 4400 mm
Höhe: 2935 mm
Breite: 2050 mm

Eigengewicht:
Gesamtgewicht: 1800 kg

Sonstiges:
9 m Höhe ausfahrbar
20 KvA/16 kW Generator
1500 W Scheinwerfer

FwA-Perrot-Rohre/Ponton

Kennzeichen: N - 2623
AB 777 957

Baujahr: 1955
Zulassung: 08.07.1955
In Dienst:
Außer Dienst: 11.1975

Fahrzeughersteller:
Bayerische
Maschinenfabrik
Miltenberg, Main

Aufbauhersteller:

Stationiert auf FW 1

Farbe: RAL 9005

Länge:
Höhe:
Breite:
Radstand:

Eigengewicht: 2000 kg
Gesamtgewicht: 2810 kg

Sonstiges:
ab 1956 Ponton-
Anhänger

11.1975 abgegeben an
T/W-4 (Tiefbauamt)

FwA-Perrot-Rohre

Kennzeichen: N - 2091	Farbe:
Baujahr: 1956 Zulassung: 21.07.1956 In Dienst: Außer Dienst: 1977	Länge: Höhe: Breite: Radstand:
Fahrzeughersteller: Bayerische Maschinenfabrik Miltenberg, Main	Eigengewicht: 3100 kg Gesamtgewicht: 4800 kg
Aufbauhersteller:	
Stationiert auf FW 1	

FwA-Pritsche

Kennzeichen: N - 2621 AB 778 900 BY 704A421 AB 844 900	Farbe: Länge: Höhe: Breite:
Baujahr: 1944 Zulassung: 1947 In Dienst: Außer Dienst: 1979	Radstand: Eigengewicht: 2970 kg Gesamtgewicht: 4760 kg
Fahrzeughersteller: Netam NV Tank- u. Apparatebau Rotterdam	Sonstiges: ca. 1979 ausgemustert Verkauf an landwirtschaftlichen Betrieb
Aufbauhersteller: Stationiert auf FW 1	Zeitweise mit Ölauffangtanks beladen

FwA-Pritsche

Kennzeichen: N - 2622 AB 778 901 BY 704A422 AB 844 901	Farbe: Grau Länge: 3700 mm Höhe: Breite: 2200 mm
Baujahr: 1941 Zulassung: 23.04.1948 In Dienst: Außer Dienst: 11.1960	Radstand: Eigengewicht: 1420 kg Gesamtgewicht: 4270 kg
Fahrzeughersteller: Dromos-Werk Richard Stölzel, Leipzig	Sonstiges: 1948 aus Kriegsbestand übernommen
Aufbauhersteller:	1960 verkauft an Fa. Hetzel für 400,- DM
Stationiert auf FW 2	

FW-Leichtschaumgenerator

Kennzeichen: N - 2228
Baujahr: 1967
Zulassung: 03.02.1967
In Dienst:
Außer Dienst:

Fahrzeughersteller:

Aufbauhersteller:
Minimax, Bad Oldesloh[e]
LG 200

Stationiert auf FW 1

Farbe: Alufarben

Länge: 3100 mm
Höhe: 1650 mm
Breite: 1580 mm

Eigengewicht:
Gesamtgewicht: 700 kg

FwA-Pulver

Kennzeichen: N - 201

Baujahr: ?
Zulassung: ?
In Dienst:
Außer Dienst: 10.1983

Fahrzeughersteller:

Aufbauhersteller:
CEAG

Stationiert bei
FF Fischbach

Farbe: RAL 3000

Länge:
Höhe:
Breite:

Eigengewicht:
Gesamtgewicht:

Sonstiges:

Baugleich
N - 2058; FwA - Pulver
FF Katzwang
N - 2708; FwA - Pulver
BFN
N - 2??? FwA - Pulver
FF Werderau

FwA-Schaummittel

Kennzeichen: N - 2757

Baujahr: 1938
Zulassung: 12.06.1958
In Dienst:
Außer Dienst: 10.1985

Fahrzeughersteller:

Aufbauhersteller:
Berufsfeuerwehr
Nürnberg

Stationiert auf FW 1

Farbe:

Länge:
Höhe:
Breite:

Eigengewicht: 200 kg
Gesamtgewicht: 1000 kg

Sonstiges:
Verkauft zum Schrottpreis
von 65.- DM

FwA-Schlauch

Kennzeichen: N - 2058

Baujahr: ?
Zulassung:
In Dienst:
Außer Dienst:

Fahrzeughersteller:

Aufbauhersteller:

Stationiert bei
FF Katzwang

Farbe: RAL 3000

Länge:
Höhe:
Breite:

Eigengewicht:
Gesamtgewicht:

Sonstiges:

Baugleich:

FwA-Schlauch
FF Boxdorf

FwA-Schlauch
FF Worzeldorf

FwA-Sirene

Kennzeichen: N - 2218

Baujahr: 1963
Zulassung:
In Dienst:
Außer Dienst: ?

Fahrzeughersteller:
Westfalia, Wiedenbrück

Aufbauhersteller:
Kölbel u. Sohn

Stationiert auf FW 3

Farbe: RAL 3000

Länge: 3460 mm
Höhe: 1750 mm
Breite: 1680 mm

Eigengewicht: 420 kg
Gesamtgewicht: 770 kg

Sonstiges:

Baugleich:

N - 2240; FwA-Sirene
N - 2241; FwA-Sirene
N - 2442; FwA-Sirene
N - 2443; FwA-Sirene;

FwA-Schaumwasserwerfer

Kennzeichen: N - 2072

Baujahr: 1973
Zulassung: 12.07.1973
In Dienst:
Außer Dienst:

Trailerhersteller:
Minimax

Aufbauhersteller:
Minimax, Bad Oldeslohe

Stationiert auf FW 2

Farbe: RAL 9005

Länge: 3800 mm
Höhe: 1600 mm
Breite: 1600 mm

Eigengewicht: 340 kg
Gesamtgewicht: 700 kg

Baugleich:
N - 2080
Baujahr: 1973
Stationiert auf FW 1

FW-Schaumwasserwerfer

Kennzeichen: N - 2531

Baujahr: 1966
Zulassung:
In Dienst:
Außer Dienst: 1996

Trailerhersteller:
Alco, Albach Frankfurt

Aufbauhersteller:
Minimax

Stationiert auf FW 1

Farbe: RAL 9005

Länge:
Höhe:
Breite:

Eigengewicht:
Gesamtgewicht:

Sonstiges:
ab 1973 FW 3
ab 07.1996 FW 4

1996 verkauft an
FF Obermichelbach

FW-Schaumwasserwerfer

Kennzeichen: N - 2463

Baujahr: 1979
Zulassung: 13.06.1979
In Dienst:
Außer Dienst:

Trailerhersteller:
Minimax Typ LW 2000

Aufbauhersteller:
Minimax, Bad Oldeslohe

Stationiert auf FW 4

Farbe: RAL 3000

Länge: 3400 mm
Höhe: 1550 mm
Breite: 1500 mm

Eigengewicht:
Gesamtgewicht: 850 kg

FwA-Transport

Kennzeichen: N - 2637

Baujahr: 1980
Zulassung: 2007
In Dienst: 2007
Außer Dienst:

Trailerhersteller:
Alois Kober KG
Kötz / Schwaben

Aufbauhersteller:
Kress Fahrzeugbau
Meckesheim

Stationiert auf FW 4

Farbe: RAL 3000 / Braun

Länge:
Höhe:
Breite:

Eigengewicht:
Gesamtgewicht: 1300 kg

Sonstiges:
ab 2008 Anhänger für die
Brandschutzunterweisung

FwA-TS

Kennzeichen: N - 2378

Baujahr: 1975
Zulassung: 18.02.1975
In Dienst:
Außer Dienst: 04.2010

Fahrzeughersteller:
Carl Metz, Karlsruhe

Aufbauhersteller:

Stationiert auf FW 1

Farbe: RAL 3000

Länge: 1800 mm
Höhe: 1100 mm
Breite: 1100 mm

Eigengewicht: 400 kg
Gesamtgewicht: 1000 kg

Sonstiges:
FwA - TS 8 - 1
ausgemustert 2010
Bestand des FW Museum

FwA-TS

Kennzeichen: N - 20303
N - 2058

Baujahr: 1956
Zulassung: 01.07.1956
In Dienst:
Außer Dienst: 2018

Fahrzeughersteller:
Klöckner-Humboldt-Deutz
Werk Ulm

Aufbauhersteller:

Stationiert bei
FF Katzwang

Farbe: RAL 3000

Länge: 1800 mm
Höhe: 1000 mm
Breite: 1500 mm

Eigengewicht: 400 kg
Gesamtgewicht: 1000 kg

Sonstiges:
FwA - TS 8 - 2

FwA-TS 8

Kennzeichen: N - 2639
AB 844 911

Baujahr: 1943
Zulassung:
In Dienst:
Außer Dienst:

Fahrzeughersteller:
Carl Metz, Karlsruhe

Aufbauhersteller:

Stationiert bei
FF Gerasmühle

Farbe: RAL 3000

Länge:
Höhe:
Breite:

Eigengewicht: 385 kg
Gesamtgewicht: 615 kg

Sonstiges:
aus Beschaffung v.
07.10.1943 (LLG+TSA)
ab 1949 FF Gerasmühle
ab 1974 FW 3

FwA-TS 8

Kennzeichen: N - 2638
AB 778 909
BY 704A458
Baujahr:
Zulassung:
In Dienst:
Außer Dienst: 1973

Fahrzeughersteller:
Carl Metz, Karlsruhe

Aufbauhersteller:

Stationiert bei
FF Zabo

Farbe: RAL 3000
Länge:
Höhe:
Breite:

Eigengewicht: 385 kg
Gesamtgewicht: 615 kg

Sonstiges:
aus Beschaffung v. 07.10.1943 (LLG+TSA)
ab 1953 FF Krottenbach
ab 1973 zur Straßenbahn Ausbesserungswerk (Fuchsstraße)

Weitere Tragkraftspritzenanhänger:

Typ	letztes Kennzeichen	Baujahr	Einheiten	Außer Dienst
FwA - TS 8	N - 2630	1943	bis 1945 TSA ?, 1969 FW 2, ab 1973 FW 1	?
FwA.- TS 8	N - 2636	1943	bis 1945 TSA 42, ab 1953 Röthenbach	1965
FwA - TS 8	N - 2635	1935	bis 1945 TSA ?, ab 1948 Gleißhammer, ab 1958 Höfles	1981
FwA - TS 8	N - 2641	?	bis 1945 TSA ?. ab 1948 APA - 2, ab 1950 Höfen, ab 1956 Kleinreuth	?
FwA - TS 8	N - 2633	1943	bis 1945 TSA 32, ab 1949 Lohe	1965
FwA - TS 8	N - 2627	1947	Schnepfenreuth, ab 1969 FW 1	1973
FwA - TS 8	N - 2637	1948	ab 1955 Straßenholz, ab 1957 Buch ab 1964 FW 3, ab 1971 FW 1	1974
FwA - TS 8	N - 2640	1943	bis 1945 TSA ?, ab 1952 Großreuth ab 1965 Burg Hoheneck	1969
FwA - TS 8	N - 2631	1943	bis 1945 TSA ?, ab 1951 Kraftshof ab 1964 FW 2	?
FwA - TS 8	N - 2634	1943	bis 1945 TSA ?, ab 1951 Ziegelstein ab 1964 FW 1	?
FwA - TS 8	N - 2632	1944	bis 1945 TSA ?, ab 1945 Buchenbühl ab 1952 FW 1, ab 1952 Almoshof	1962
FwA - TS 8	AB 778910	1936	bis 1945 HJ-Feuerwehr ab 1945 Gartenstadt	1954
FwA - TS 8	N - 2252	1959	Großgründlach	?
FwA - TS 8	N - 20301	1959	Neunhof	?
FwA - TS 8	N - 2893	1960	FW 1, ab 1969 FW 3, ab 1973 FW 2	?

FwA-RTB-Dory 13

Kennzeichen: N - 2284

Baujahr: 1971
Zulassung: 12.1977 BFN
In Dienst:
Außer Dienst: 2000

Trailerhersteller:
Popp Fahrzeugbau
Nürnberg

Boothersteller:
Dory - Boot

Stationiert auf FW 2

Motor: Außenbord
Leistung: 30 kW
Hubraum:

Farbe: RAL 9005

Länge: 4500 mm
Höhe:
Breite: 1700 mm

Eigengewicht: 150 kg
Gesamtgewicht: 650 kg

Sonstiges:
ab 1977 FW 4

FwA-K-Boot

Kennzeichen: N - 2211

Baujahr: 1974
Zulassung:
In Dienst:
Außer Dienst: 1992

Trailerhersteller:

Boothersteller:
Alufleet

Stationiert auf FW 1

Motor: 1 Zyl.
BMW 411
Leistung: 95 PS
Hubraum: 1996 ccm
Drehzahl:

Farbe: RAL 3000

Länge: 6000 mm
Höhe:
Breite: 2200 mm

Eigengewicht:
Gesamtgewicht: 1500 kg

Sonstiges:
ab 1977 FW 4
Florian 4/99/1

ab 1992 zum THW
Nürnberg

FwA-Schlauchboot

Kennzeichen: N - 2222

Baujahr: 1975
Zulassung:
In Dienst:
Außer Dienst:

Trailerhersteller:

Boothersteller:

Stationiert auf FW 2

Farbe: RAL 9005

Länge:
Höhe:
Breite:

Eigengewicht:
Gesamtgewicht:

Sonstiges:
ab 1977 FW 4

FwA-RTB-1/2

Kennzeichen: N - 2929
Farbe:

Baujahr: 1989
Zulassung: 16.05.1989
In Dienst:
Außer Dienst:

Länge:
Höhe:
Breite:

Fahrzeughersteller:

Eigengewicht:
Gesamtgewicht:

Aufbauhersteller:
Berufsfeuerwehr Nürnberg

Stationiert auf FW 2

FwA-RTB-1/1

Kennzeichen: N - 20422
Farbe:

Baujahr: 1994
Zulassung: 19.05.1994
In Dienst:
Außer Dienst:

Länge:
Höhe:
Breite:

Fahrzeughersteller:

Eigengewicht:
Gesamtgewicht:

Aufbauhersteller:
Berufsfeuerwehr Nürnberg

Sonstiges:
ab 12.2004 FW 5

Stationiert auf FW 1

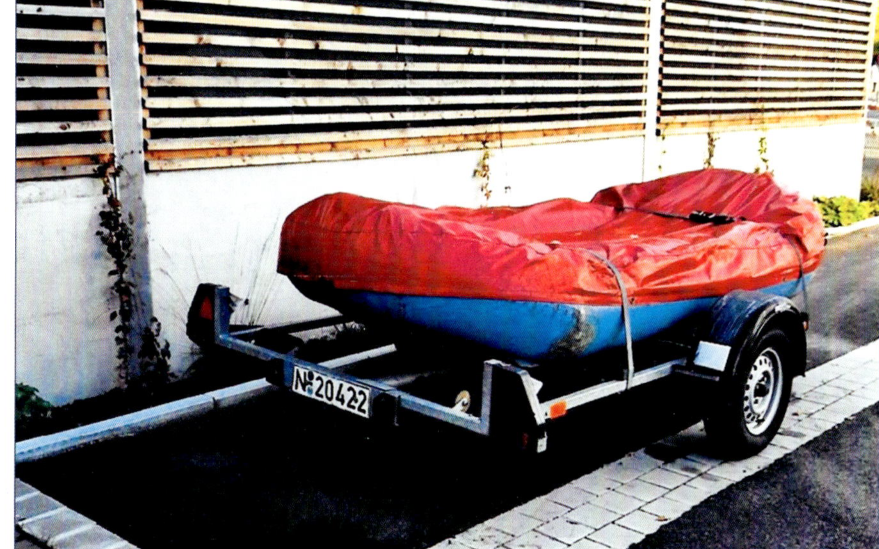

FwA-RTB-2-4/2

Kennzeichen: N - 2032
Farbe: Alufarben

Baujahr: 2000
Zulassung: 26.01.2000
In Dienst:
Außer Dienst: 2017

Länge:
Höhe:
Breite:

Eigengewicht:
Gesamtgewicht:

Trailerhersteller:
Harbeck, Waging am See

Boothersteller:
Zodiac International
Frankreich

Stationiert auf FW 4
Funkrufname:

Motor: Außenbord

FwA-RTB-2

Kennzeichen: N - FW 223 Farbe: Alufarben

Baujahr: 2017
Zulassung: 11.2017
In Dienst:
Außer Dienst:

Länge: 8000 mm
Höhe: 2500 mm
Breite: 2450 mm

Eigengewicht: 550 kg
Gesamtgewicht: 1350 kg

Trailerhersteller:
Herbeck, Waging am See

Boothersteller:
Zodiac
Festrumpfboot mit
Schlauchring

Stationiert auf FW 4
Funkrufname:

Motor: Außenbord
Leistung: 60 PS

FwA-MZB 90

Kennzeichen: N - 2214 Farbe: RAL 3000

Baujahr: 1992
Zulassung: 21.05.1992
In Dienst:
Außer Dienst:

Länge: 7400 mm
Höhe: 2450 mm
Breite: 3200 mm

Trailerhersteller:

Eigengewicht: 1420 kg
Gesamtgewicht: 2620 kg

Boothersteller:
Schiffbau Meyer
Mercury

Preis: 55.000,- DM

Stationiert auf FW 4
Funkrufname: 4/99/1

Motor: V 6
Leistung: 205 PS
Hubraum: 4300 ccm
Drehzahl: 4500

FwA-MZB (Servator)

Kennzeichen: N-FW 4991 Farbe:

Baujahr: 2019
Zulassung:
In Dienst:
Außer Dienst:

Länge: 11100 mm
Höhe: 3300 mm
Breite: 2450 mm

Trailerhersteller:
Pega B.V.

Eigengewicht:
Gesamtgewicht:

Sonstiges:

Boothersteller:
Tim Silver
Katamaran

Stationiert auf FW 4
Funkrufname:

Motor: 2 x Honda
Außenbord
Leistung: 100 PS

FwA-Taucherfähre

Kennzeichen: N - 2624
AB 777 942

Baujahr: 1952
Zulassung: 01.08.1952
In Dienst: 01.08.1952
Außer Dienst: 05.1963

Fahrzeughersteller:
Opel (Fahrgestell)

Aufbauhersteller:
Berufsfeuerwehr
Nürnberg

Stationiert auf FW 1

Farbe: RAL 9005

Länge:
Höhe:
Breite:
Radstand:

Eigengewicht: 740 kg
Gesamtgewicht: 2000 kg

Sonstiges:
aus Kz - 265 umgebaut
ab 1953 FW 2

FwA-Taucherfähre

Kennzeichen: N - 2230

Baujahr: 1963
Zulassung: 29.01.1963
In Dienst:
Außer Dienst: 06.1977

Fahrzeughersteller:
Popp Fahrzeugbau
Nürnberg

Aufbauhersteller:
Popp Fahrzeugbau

Stationiert auf FW 2

Farbe: RAL 9005

Länge: 7100 mm
Höhe: 2050 mm
Breite: 1850 mm
Radstand:

Eigengewicht: 1000 kg
Gesamtgewicht: 2800 kg

Preis: 9071,- DM

Sonstiges:
Beladung 2 Rettungskähne mit Plattform

FwA-Öl

Kennzeichen: N - 2182

Baujahr: 1962
Zulassung:
In Dienst: 12.12.1962
Außer Dienst: 1990

Fahrzeughersteller:
Carl Metz, Karlsruhe

Aufbauhersteller:
Berufsfeuerwehr
Nürnberg

Stationiert auf FW 1

Farbe: RAL 3000

Länge: 1800 mm
Höhe: 1100 mm
Breite: 1100 mm

Eigengewicht: 400 kg
Gesamtgewicht: 1000 kg

Sonstiges:
ab 1973 FW 3

FwA-Bandskimmer

Kennzeichen: N - 2502

Baujahr: 1985
Zulassung: 20.05.1985
In Dienst:
Außer Dienst:

Fahrzeughersteller:
Lentner B 2000

Aufbauhersteller:
Oel-Nolte, Hemer
Typ 2000 / Volvo Motor

Stationiert bei
FF Katzwang

Farbe: Alufarben

Länge: 7600 mm
Höhe: 1040 mm
Breite: 2470 mm

Eigengewicht:
Gesamtgewicht: 2000 kg

Pumpe: Nolte GZ 40

FwA-Ölsperre

Kennzeichen: N - 20229

Baujahr: 1992
Zulassung: 30.11.1992
In Dienst:
Außer Dienst:

Trailerhersteller:
Franz Mersch
Emsdetten

Aufbauhersteller:
Oel-Nolte, Hemer

Stationiert auf FW 4

Farbe: RAL 3000

Länge: 5680 mm
Höhe: 2430 mm
Breite: 2390 mm

Eigengewicht: 780 kg
Gesamtgewicht: 1600 kg

Sonstiges:
Zeitweise FF Werderau
ab 1998 FF Worzeldorf
ab 01.2001 FW 3

FwA-Ölseparator

Kennzeichen: N - 20399 Farbe: Alufarben

Baujahr: 1993	Länge: 5100 mm
Zulassung: 15.07.1993	Höhe: 1870 mm
In Dienst:	Breite: 1820 mm
Außer Dienst:	
	Eigengewicht: 1300 kg
Trailerhersteller: Oel-Nolte, Hemer	Gesamtgewicht: 1600 kg

Aufbauhersteller:
Oel-Nolte, Hemer

Stationiert auf FW 3

FwA-Ölwehrgeräte

Kennzeichen: N - 20035 Farbe: RAL 3000

Baujahr: 1990	Länge: 5150 mm
Zulassung: 27.06.1990	Höhe: 2750 mm
In Dienst:	Breite: 2200 mm
Außer Dienst:	
	Eigengewicht: 790 kg
Trailerhersteller: Franz Mersch Emsdetten	Gesamtgewicht: 1600 kg

Sonstiges:
Nolte-Mobmatic-System
Typ 10.60 GA-Öl

Aufbauhersteller:
Oel-Nolte, Hemer

Stationiert auf FW 3

FwA-Entsorgung

Kennzeichen: N - 2669

Baujahr: 1996
Zulassung: 20.11.1996
In Dienst:
Außer Dienst:

Trailerhersteller:
Albert Mahr, Würzburg

Aufbauhersteller:
Oel-Nolte, Hemer

Stationiert auf FW 3

Farbe: RAL 3000

Länge:	4550 mm
Höhe:	2880 mm
Breite:	2120 mm

Eigengewicht:
Gesamtgewicht: 2500 kg

Sonstiges
50 m³ Auffangbehälter
10 m³ Auffangbehälter
Kaskadenbehälter

FwA-Verkehrsabsicherung

Kennzeichen: N - FW 150 Farbe:

Baujahr: 2019
Zulassung: 2019
In Dienst:
Außer Dienst:

Fahrzeughersteller:
Dissen Elektrobau
Typ AB / AMD
Vers. A2/13

Stationiert auf FW 4

Länge:	5100 mm
Höhe fahr.:	2300 mm
Höhe ges.:	4050 mm
Breite:	2210 mm

Eigengewicht:
Gesamtgewicht: 1200 kg

Einleitung Fahrzeuge der Nachrichtenabteilung

Die Feuerwehr Nürnberg verfügt mit der Nachrichtenabteilung (Fernmeldeabteilung) über eine Institution, die einzigartig bei einer Feuerwehr in Deutschland ist. Mit der Einführung neuester Fernmeldetechnik (erste Feuertelegraphenanlage 1872) wurde die Feuerwehr Nürnberg 1878 mit dem Aufbau und dem Unterhalt der Feuermeldeanlage beauftragt. Die erste Telegrafenleitung (Morsesystem) in Nürnberg wurde 1881 zwischen der Centralfeuerwache und der Schwabenmühle in Betrieb genommen. 1883 folgte der Aufbau der städtischen Telefon- und Schwachstromanlage (Zentraluhren), mit der die Feuerwehr bis 1934 betraut war. Seit dieser Zeit erstreckt sich der Aufgabenbereich auf das stadteigene Feuermeldenetz, die städtische Datenleitung und das gesamte Schwachstromnetz der Berufsfeuerwehr.

In den Anfangsjahren waren drei Telegrafenarbeiter beschäftigt. Sie wurden auch als Reservefeuerwehrmänner ausgebildet und verrichteten wie die Mitarbeiter der Straßenreinigung und der Freiwilligen Feuerwehr (Turnerfeuerwehr) ihren freiwilligen Wachdienst auf den Feuerwachen. Welche Fahrzeuge in den Anfangsjahren zu Verfügung standen, ist leider nicht bekannt.

Mit der Neuorganisation des Wachdienstes, bedingt durch den Austritt der Freiwilligen Feuerwehr (1913), wurden die Telegrafenarbeiter nicht mehr im aktiven Feuerwehrdienst eingesetzt.

Mit der Motorisierung der Feuerwehr wurden auch für die Nachrichtenabteilung einfache Lastkraftwagen, sogenannte Arbeitswagen, angeschafft. Denen folgte in den 1930er Jahren der erste Störwagen.

Wachzentrale der Feuerwache 1 im Jahr 1910, links Brandmeldeanlage

Mit den Jahren stiegen der Arbeitsaufwand und die Aufgabenbereiche der Fachabteilung, was sich nicht nur auf den Mitarbeiterstamm, sondern auch auf den Fahrzeugbestand auswirkte. Dem Störfahrzeug folgten der erste Arbeitswagen, Kombis, Dienstfahrzeuge, Feuermeldeprüfer-Fahrzeuge und für den Unterhalt der Freileitungen eigene Drehleitern.

Nachdem die Nachrichtenabteilung eine Fachabteilung innerhalb der Berufsfeuerwehr ist, nutzt sie auch Fahrzeuge der Berufsfeuerwehr (LKW, WLF), wie diese die Nachrichtenkombis bei Unwettereinsätzen einsetzt.

Der Personalstand der Abteilung umfasst heute (Stand 2019) insgesamt 34 Mitarbeiter. Die Abteilung ist für ein Feuermeldenetz mit einer Gesamtleitungslänge von 616 km mit insgesamt 1174 Feuermeldern verantwortlich. Innerhalb der Stadt Nürnberg unterhält und verwaltet sie die stadteigenen Datenleitungen mit einer Länge von insgesamt 989 km (616 km Kupferleitung, 373 km Glasfasertechnik).

GW-N

Kennzeichen: N - 2470

Baujahr: 1963
Zulassung: 1964
In Dienst:
Außer Dienst: 02.1976

Fahrzeughersteller:
Mercedes-Benz LF 319 D

Aufbauhersteller:
Gebr.Bachert

Stationiert auf FW 1
Funkrufname:

Motor: OM 636
Leistung: 65 PS / 48 kW
Hubraum: 1767 ccm
Drehzahl 4500

Farbe: RAL 3000

Länge: 4820 mm
Höhe:
Breite: 2080 mm
Radstand: 2850 mm

Eigengewicht: 1975 kg
Gesamtgewicht: 4350 kg

Sonstiges:
2 gelbe Rundum-Kennleuchten

Abbildung zeigt ähnliches Fahrzeug. Das LF 8 verfügte zusätzlich über seitliche Rolläden. Originalbilder nicht mehr vorhanden.

GW-N

Kennzeichen: N - 2337

Baujahr: 1975
Zulassung: 06.11.1975
In Dienst: 02.02.1976
Außer Dienst: 01.2001

Fahrzeughersteller:
Mercedes -Benz LF 911 B/36

Aufbauhersteller:
Carl Metz, Karlsruhe

Stationiert auf FW 1
Funkrufname: 1/87/1

Motor: 6 Zyl. Diesel
Leistung: 130 PS
Hubraum: 3180 ccm
Drehzahl: 2900

Farbe: RAL 3000

Länge:
Höhe:
Breite:
Radstand: 3600 mm

Eigengewicht:
Gesamtgewicht: 7490 kg

Preis: 106.500.- DM

Sonstiges:
ab 1992 Fl. 1/56/1

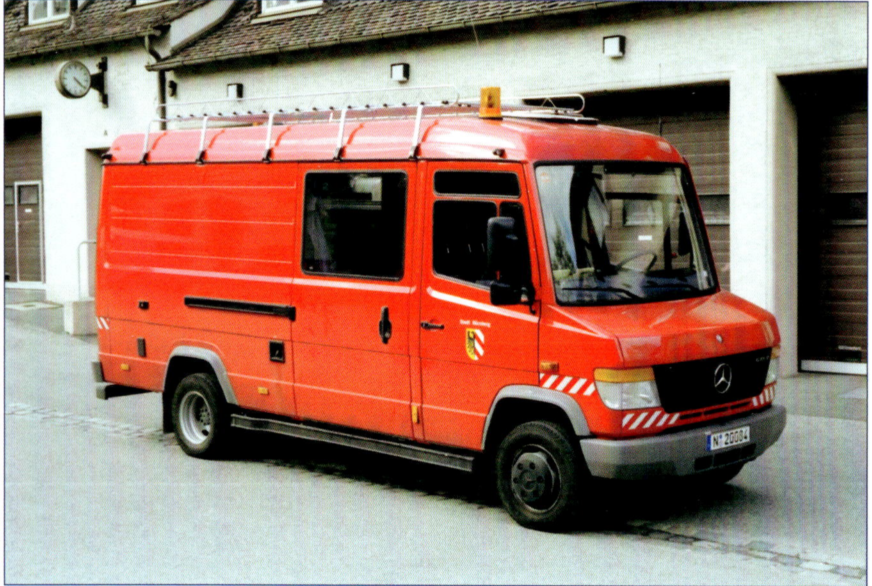

GW-N

Kennzeichen: N - 20084

Baujahr: 2000
Zulassung: 22.11.2000
Außer Dienst:

Fahrzeughersteller:
Daimler Chrysler
615 D - KA Vario

Aufbauhersteller: BFN
A. u. G. Henke, Nürnberg

Stationiert auf FW 1
Funkrufname: 1/56/1

Motor: 4 Zyl.
Leistung: 112 kW
Hubraum: 4249 ccm
Drehzahl: 2300

Farbe: RAL 3000

Länge: 6215 mm
Höhe: 3130 mm
Breite: 2205 mm
Radstand: 3800 mm

Eigengewicht: 4230 kg
Gesamtgewicht: 5990 kg

Sonstiges:

DL 17

Kennzeichen: N - 2607,
AB 777817
BY 699435

Baujahr: 1938
Zulassung: ?
In Dienst: 1945
Außer Dienst: 01.1964

Fahrzeughersteller:
Opel Blitz 2,5 - 32-15

Aufbauhersteller:
Klöckner-Humboldt-Deutz

Stationiert auf FW 1

Motor: 6 Zyl. Benzin
Leistung: 55 PS
Hubraum: 2473 ccm
Drehzahl:

Farbe: RAL 3/53; 3000

Länge: 7000 mm
Höhe: 2500 mm
Breite: 1850 mm

Eigengewicht: 2540 kg
Gesamtgewicht: 3310 kg

Leiterlänge: 17,5 m

Sonstiges:
DL 17 - 7/N

1945 aus Luftschutzbestand übernommen

ab 1945 ML 17
ab 1950 DL 17 - N

DL 14

Kennzeichen: N - 2311

Baujahr: 1963
Zulassung: 20.01.1964
In Dienst:
Außer Dienst: 09.1978

Fahrzeughersteller:
Rheinstahl Hanomag
Garant L D28 GLA

Aufbauhersteller:
Gebr. Bachert

Stationiert auf FW 1

Motor: 4 Zyl. Diesel
Leistung: 65 PS
Hubraum: 2799 ccm
Drehzahl:

Farbe: RAL 3000

Länge: 6400 mm
Höhe: 3000 mm
Breite: 2170 mm
Radstand: 3100 mm

Eigengewicht: 3920 kg
Gesamtgewicht: 5000 kg

Preis: 40.043,- DM

Sonstiges:
DL 14 / N

ab 09.1978 FF Rednitzhembach
Umlackiert in RAL 3024
1993 zurück ans Museum

FwA-N

Kennzeichen: N - 2625
AB 778908
BY 704A425
AB 844 908

Baujahr: 1949
Zulassung: 15.05.1949
In Dienst:
Außer Dienst: 08.1960

Fahrzeughersteller:
BFN

Aufbauhersteller:
BFN

Stationiert auf FW 1
Funkrufname:

Farbe:

Länge:
Höhe:
Breite:
Radstand:

Eigengewicht: 710 kg
Gesamtgewicht: 3710 kg

Sonstiges:
Einachser Stangenwagen für Freileitungsmasten

1960 an Städt. Fuhramt abgegeben

FwA-N

Kennzeichen: N - 2626
AB 778913

Baujahr: 1943
Zulassung: 1948
In Dienst:
Außer Dienst:

Aufbauhersteller:

Stationiert auf FW 1

Farbe: Schwarz

Länge:
Höhe:
Breite:

Eigengewicht:
Gesamtgewicht: 800 kg

Sonstiges:
nach 1945 TSA-Leitungsbau
ab 1951 TSA - 3

FwA-Kabel

Kennzeichen: N - 2828

Baujahr: 1979
Zulassung: 22.12.1978
In Dienst:
Außer Dienst:

Aufbauhersteller:
Blomenröhr Fahrzeugbau

Stationiert auf FW 1

Farbe: RAL 3000

Länge:
Höhe:
Breite:

Eigengewicht:
Gesamtgewicht:

Sonstiges:

FwA-Kabeltieflader

Kennzeichen: N - 2549

Baujahr: 1967
Zulassung: 03.05.1985
BFN
In Dienst:
Außer Dienst: 03.2002

Aufbauhersteller:
Müller

Stationiert auf FW 1

Farbe: RAL 3000

Länge: 5550 mm
Höhe:
Breite: 2180 mm
Radstand:

Eigengewicht: 850 kg
Gesamtgewicht: 1600 kg

Sonstiges:
9/1994 Neulackierung
RAL 3000

FwA-Kabeltransport

Kennzeichen: N - 2402
Farbe: RAL 3000

Baujahr: 1973
Zulassung: 14.11.1973
In Dienst:
Außer Dienst: 01.2001

Länge:
Höhe:
Breite:

Eigengewicht:
Gesamtgewicht:

Aufbauhersteller:
Peter Lancier
Maschinenbau
Münster/Westfalen

Sonstiges:

Stationiert auf FW 1

FwA-Kabeltransport

Kennzeichen: N - 20130
Farbe: RAL 3000

Baujahr: 2001
Zulassung: 14.11.2001
In Dienst:
Außer Dienst:

Länge: 4700 mm
Höhe: 2320 mm
Breite: 2500 mm

Eigengewicht: 1740 kg
Gesamtgewicht: 7770 kg

Fahrzeughersteller:
Thaler TTA 6094 A

Aufbauhersteller:
Jacob Thaler
Weddelbrook

Sonstiges:
Hydr. Hebeeinrichtung
1000 - 3200 mm
Kabelrollendurchmesser
Luftfederung
Hydr. Trommelantrieb

Stationiert auf FW 1

FwA-Kabelziehwinde

Kennzeichen: N - 2119
Farbe: Blau

Baujahr: 1984
Zulassung: 26.09.1984
In Dienst:
Außer Dienst:

Länge: 3000 mm
Höhe: 1420 mm
Breite: 1600 mm

Eigengewicht:
Gesamtgewicht: 1100 kg

Aufbauhersteller:
Typ KE SP 7
Jacob Thaler
Weddelbrook

Sonstiges:

Stationiert auf FW 1

FwA-Kompressor

Kennzeichen: N - 20535
Farbe: Gelb

Baujahr: 1995
Zulassung: 20.12.1995
In Dienst:
Außer Dienst:

Länge: 2900 mm
Höhe: 1100 mm
Breite: 1120 mm

Fahrzeughersteller:
Kaeser M21-1

Eigengewicht:
Gesamtgewicht: 530 kg

Sonstiges:

Aufbauhersteller:
Kaeser Kompressoren
Coburg

Stationiert auf FW 1

Kombi-N/1

Kennzeichen: N - 2000
Farbe: RAL 3000

Baujahr: 1956
Zulassung: 11.07.1956
In Dienst:
Außer Dienst: 11.1969

Länge: 4290 mm
Höhe: 1800 mm
Breite: 1940 mm
Radstand: 2400 mm

Fahrzeughersteller:
VW T1 Typ 231
M 13 / M32

Eigengewicht: 1040 kg
Gesamtgewicht: 1850 kg

Sonstiges:

Aufbauhersteller:

Als Kombi N/1 zur
Nachrichtenabteilung

Stationiert auf FW 1
Funkrufname:

Motor: 4 Zyl. Boxer
Leistung: 30 PS
Hubraum: 1192 ccm
Drehzahl: 3400

Kombi-N/1

Kennzeichen: N - 2812
Farbe: RAL 3000

Baujahr: 1968
Zulassung: 04.09.1968
In Dienst:
Außer Dienst:

Länge: 4505 mm
Höhe: 2290 mm
Breite: 1765 mm
Radstand: 2400 mm

Fahrzeughersteller:
VW T2

Eigengewicht:
Gesamtgewicht:

Sonstiges:

Aufbauhersteller:

Stationiert auf FW 1
Funkrufname: Fl. 78

Als Kombi N/1 zur
Nachrichtenabteilung

Motor: 4 Zyl. Boxer
Leistung: 47 PS
Hubraum: 1584 ccm
Drehzahl: 4000

Kombi-N/1

Kennzeichen: N - 2872
Farbe: RAL 3024

Baujahr: 1978
Zulassung:
In Dienst:
Außer Dienst: 1993

Länge: 5252 mm
Höhe: 1930 mm
Breite:
Radstand: 3020 mm

Fahrzeughersteller:
Ford FT 100

Eigengewicht:
Gesamtgewicht:

Baugleich:

Aufbauhersteller:

N - 2803; Kombi N/ 2
Baujahr: 1979
Außer Dienst: 10.1993

Stationiert auf FW 1
Funkrufname: 1/80/2

Motor: 4 Zyl. Reihe
Leistung: 65 PS
Hubraum: 1593 ccm
Drehzahl: 4750

N - 1693; Kombi N/ 3
Baujahr: 1977
Außer Dienst: 12.1989

Kombi-N/4

Kennzeichen: N - 2162

Baujahr: 1981
Zulassung: 19.10.1981
In Dienst:
Außer Dienst: 02.2001

Fahrzeughersteller:
Mercedes-Benz 207 D
601 D 25

Aufbauhersteller:

Stationiert auf FW 1
Funkrufname: 1/80/5

Motor: 4 Zyl. Reihe
Leistung: 65 PS
Hubraum: 2404 ccm
Drehzahl: 2400

Farbe: RAL 3024
ab ? RAL 3000

Länge: 4900 mm
Höhe:
Breite: 1970 mm
Radstand:

Eigengewicht: 1800 kg
Gesamtgewicht: 2550 kg

Sonstiges:

Kombi-N/3

Kennzeichen: N - 2931

Baujahr: 1989
Zulassung: 22.09.1989
In Dienst:
Außer Dienst: 12.2005

Fahrzeughersteller:
Ford FT 100 Diesel

Aufbauhersteller:

Stationiert auf FW 1
Funkrufname: 1/80/4

Motor: 4 Zyl. Reihe
Leistung: 69 PS
Hubraum: 2496 ccm
Drehzahl: 4000

Farbe: RAL 3000

Länge: 4606 mm
Höhe: 1552 mm
Breite: 1938 mm
Radstand: 2802 mm

Eigengewicht: 1532 kg
Gesamtgewicht: 2520 kg

Baugleich:

N - 2846; Kombi - N/ 2
Baujahr: 1998
Außer Dienst: 2005

N - 2851; Kombi - N/ 5
Baujahr: 1998
Außer Dienst: 2005

Kombi-N/4

Kennzeichen: N - 2292

Baujahr: 2002
Zulassung: 14.02.2002
In Dienst:
Außer Dienst:

Fahrzeughersteller:
Ford 05 T300 FAEY

Aufbauhersteller:

Stationiert auf FW 1
Funkrufname: 1/80/5

Motor: 4 Zyl. Reihe
Leistung: 63 kW
Hubraum: 1998 ccm
Drehzahl: 4000

Farbe: RAL 3000

Länge: 4835 mm
Höhe: 2311 mm
Breite: 1974 mm
Radstand: 2950 mm

Eigengewicht: 1756 kg
Gesamtgewicht: 2880 kg

Sonstiges:
2 gelbe Rundum-
kennleuchten

ab 2014 Fl. 1/16/4

FMKW-N/1

Kennzeichen: N - 2575 Farbe: RAL 3000/9010

Baujahr: 2005
Zulassung:
In Dienst:
Außer Dienst:

Länge: 4834 mm
Höhe: 2296 mm
Breite: 1975 mm
Radstand: 2980 mm

Fahrzeughersteller:
Ford Transit Toureno

Eigengewicht: 1736 kg
Gesamtgewicht: 3000 kg

Aufbauhersteller:

Sonstiges: Fahrzeug wurde bis 2018 auch für Unwettereinsätze verwendet.

Stationiert auf FW 1
Funkrufname: 1/80/2

Motor: 4 Zyl. Reihe
Leistung: 92 kW/125PS
Hubraum: 1998 ccm
Drehzahl: 3800

Baugleich
N - 2576; FMKW - N/ 3
Florian 1/16/3

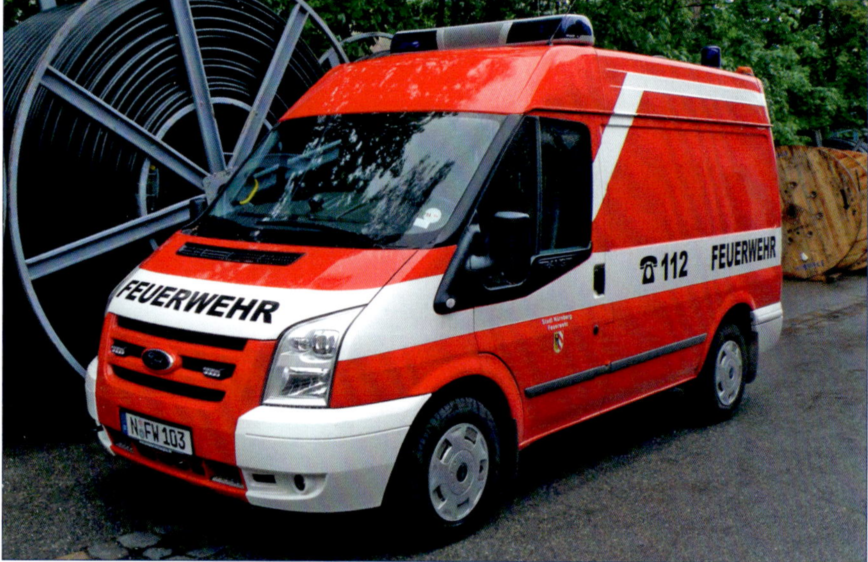

FMKW-N/6

Kennzeichen: N - FW 103 Farbe: RAL3000/9010

Baujahr: 2008
Zulassung:
In Dienst: 09.2009
Außer Dienst:

Länge: 4863-4965 mm
Höhe: 2471-2585 mm
Breite: 1974 mm
Radstand: 2950 mm

Fahrzeughersteller:
Ford Transit Toureno

Eigengewicht: 1736 kg
Gesamtgewicht: 3000 kg

Aufbauhersteller:

Sonstiges:
ab 2014; Fl. 1/16/6

Stationiert auf FW 1
Funkrufname: 1/80/7

Motor: Diesel Euro 4
Leistung: 85 kW/115PS
Hubraum: 2198 ccm
Drehzahl: 3500

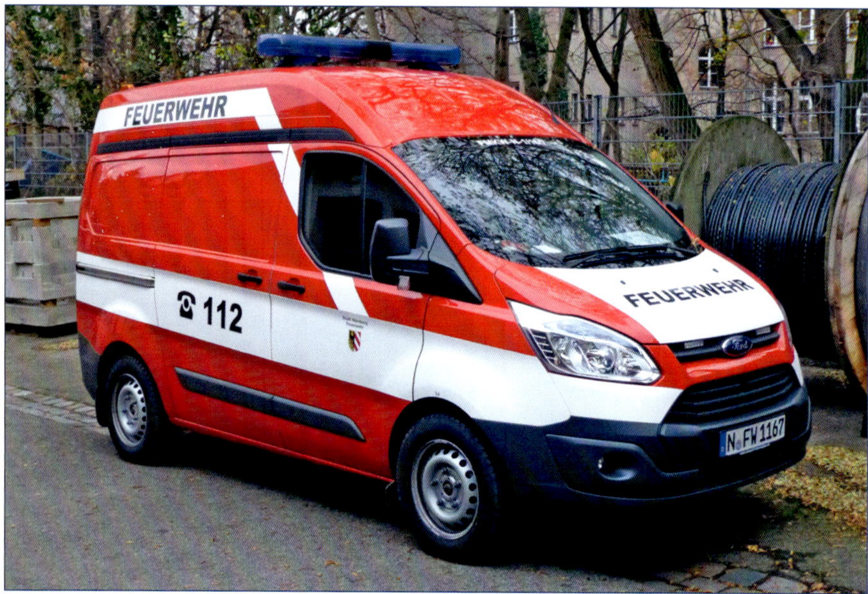

FMKW-N/5

Kennzeichen: N-FW 1165 Farbe: RAL 3000/9010

Baujahr: 2015
Zulassung:
In Dienst: 2015
Außer Dienst:

Länge: 4973 mm
Höhe: 2550 mm
Breite: 2080 mm
Radstand: 2930 mm

Fahrzeughersteller:
Ford Transit Custom

Eigengewicht: 2425 kg
Gesamtgewicht: 3000 kg

Aufbauhersteller:
Compoint

Sonstiges:

Stationiert auf FW 1
Funkrufname: 1/16/5

Baugleich:
N-FW 1167; FMKW - N/ 7
Florian 1/16/7

Motor: 4 Zyl. Euro 5
Leistung: 92 kW/125PS
Hubraum: 2198 ccm
Drehzahl: 3500

DW-N/1-1

Kennzeichen: N - 20082 Farbe: RAL 3000

Baujahr: 2000
Zulassung: 03.11.2000
In Dienst:
Außer Dienst: 02.2011

Länge: 3800 mm
Höhe: 1480 mm
Breite: 1660 mm
Radstand: 2460 mm

Fahrzeughersteller:
Fiat Punto 1,3 Typ 188

Eigengewicht: 935 kg
Gesamtgewicht: 1370 kg

Aufbauhersteller:

Sonstiges:
Ohne Blaulicht
Aufschrift Stadt Nürnberg

Stationiert auf FW 1
Funkrufname: ohne Funk

Motor: 4 Zyl. Reihe
Leistung: 44 kW / 60 PS
Hubraum: 1242 ccm
Drehzahl: 5000

Baugleich:
N - 20081; DW N/ 1-2
Baujahr: 2000
Außer Dienst:

DW-N/1-3

Kennzeichen: N - 20373 Farbe: RAL 3000

Baujahr: 2002
Zulassung:
In Dienst:
Außer Dienst:

Länge: 3800 mm
Höhe: 1480 mm
Breite: 1660 mm
Radstand: 2460 mm

Fahrzeughersteller:
Fiat Punto 1,3 Typ 188

Eigengewicht: 935 kg
Gesamtgewicht: 1370 kg

Aufbauhersteller:

Sonstiges:
Ohne Blaulicht
Ohne Aufschrift

Stationiert auf FW 1
Funkrufname: ohne Funk

Motor: 4 Zyl. Reihe
Leistung: 44 kW / 60 PS
Hubraum: 1242 ccm
Drehzahl: 5000

DW-N/4-1

Kennzeichen: N - 2526 Farbe: Weiß

Baujahr: 2005
Zulassung:
In Dienst:
Außer Dienst:

Länge: 4159 mm
Höhe: 1810 mm
Breite: 1714 mm
Radstand: 2566 mm

Fahrzeughersteller:
Fiat Doblò

Eigengewicht: 1295 kg
Gesamtgewicht: 1775 kg

Aufbauhersteller:

Sonstiges:
Ohne Blaulicht
mit Werbung

Stationiert auf FW 4
Funkrufname: ohne Funk

Motor: 4 Zyl. Reihe
Leistung: 48 kW / 65 PS
Hubraum: 1242 ccm
Drehzahl: 5500

DW-N/1-4

Kennzeichen: N - 2527

Baujahr: 2005
Zulassung:
In Dienst:
Außer Dienst:

Fahrzeughersteller:
Fiat Doblò

Aufbauhersteller:

Stationiert auf FW 1
Funkrufname: ohne Funk

Motor: 4 Zyl. Reihe
Leistung: 48 kW / 65 PS
Hubraum: 1242 ccm
Drehzahl: 5500

Farbe: Weiß
ab 2010 RAL 3000/9010

Länge: 4159 mm
Höhe: 1847 mm
Breite: 1714 mm
Radstand: 2566 mm

Eigengewicht: 1295 kg
Gesamtgewicht: 1775 kg

Sonstiges:
Ohne Blaulicht
mit Werbung

DW-N/4-2

Kennzeichen: N - 2528

Baujahr: 2005
Zulassung:
In Dienst:
Außer Dienst:

Fahrzeughersteller:
Fiat Doblò

Aufbauhersteller:

Stationiert auf FW 4
Funkrufname: ohne Funk

Motor: 4 Zyl. Reihe
Leistung: 48 kW / 65 PS
Hubraum: 1242 ccm
Drehzahl: 5500

Farbe: Weiß
ab 2010 RAL 3000/9010

Länge: 4159 mm
Höhe: 1847 mm
Breite: 1714 mm
Radstand: 2566 mm

Eigengewicht: 1295 kg
Gesamtgewicht: 1775 kg

Sonstiges:
Ohne Blaulicht
mit Werbung

ab 03.2007 FW 4; DW 16
ab 02.2008 FW 3; DW 16
ab 11.2008 DW - 3/1

DW-N/1-1

Kennzeichen: N - FW 137 Farbe: RAL 3000/9010

Baujahr: 2010
In Dienst:
Außer Dienst:

Länge: 4505 mm
Höhe: 1800 mm
Breite: 1794 mm
Radstand: 2678 mm

Fahrzeughersteller:
VW Touran Trendline 2,0 l TDI mit Dieselpartikelfilter

Eigengewicht: 1636 kg
Gesamtgewicht: 2210 kg

Aufbauhersteller:
Compoint

Sonstiges: ESP, ASR, EDS, ABS, Klima, Schlechtwegefahrgestell, Navi, Parktronic hinten, RTK 7 mit LED-Blitzern, LED Zusatzblitzer vorn, LED-Frontblitzer, LED-Heckblitzer bei offener Heckklappe, 230 V Ladegerät mit Außensteckdose

Stationiert auf FW 1
Funkrufname 1/50/2

Motor: 4 Zyl.
Leistung: 103kW/140PS
Hubraum: 1968 ccm
Drehzahl: 4200

DW-N/1-1

Kennzeichen: N - FW 132 Farbe: Weiß

Baujahr: 2010
Zulassung:
In Dienst:
Außer Dienst:

Länge: 4159 mm
Höhe: 1847 mm
Breite: 1714 mm
Radstand: 2566 mm

Fahrzeughersteller:
Fiat Doblò

Eigengewicht: 1295 kg
Gesamtgewicht: 1775 kg

Aufbauhersteller:

Sonstiges:
Ohne Blaulicht mit Werbung

Stationiert auf FW 4
Funkrufname: ohne Funk

Motor: 4 Zyl. Reihe
Leistung: 48 kW / 65 PS
Hubraum: 1242 ccm
Drehzahl: 5500

DW-N/1-5

Kennzeichen: N - FW 145 Farbe: Weiß

Baujahr: 2013
Zulassung:
In Dienst:
Außer Dienst:

Länge: 4282 mm
Höhe: 1898 mm
Breite: 1829 mm
Radstand: 2697 mm

Fahrzeughersteller:
Renault Kangoo

Eigengewicht: 1394 kg
Gesamtgewicht: 1924 kg

Aufbauhersteller:

Sonstiges:
Ohne Blaulicht mit Werbung

Stationiert auf FW 1
Funkrufname: ohne Funk

Motor: 4 Zyl. Otto Euro 5
Leistung: 78 kW/106 PS
Hubraum: 1598 cm
Drehzahl: 5750

FMKW-N/8

Kennzeichen: N-FW 1168 Farbe: RAL 3000/9010

Baujahr: 2015
Zulassung:
In Dienst: 2015
Außer Dienst:

Länge: 4418 mm
Höhe: 1835 mm
Breite: 1630 mm
Radstand: 2662 mm

Fahrzeughersteller:
Ford Transit Connect

Eigengewicht: 1655 kg
Gesamtgewicht: 2005 kg

Aufbauhersteller:
Compoint

Stationiert auf FW 1
Funkrufname: 1/16/8

Baugleich:
N - FW 1169
FMKW - N/ 9
Florian 1/16/9

N - FW 1160
FMKW - N/ 10
Florian 1/16/10

Motor: 4. Zyl., Euro 5 Common-Rail Diesel
Leistung: 55 kW / 75 PS
Hubraum: 1560 ccm
Drehzahl: 3500

FMKW-N/2

Kennzeichen: N-FW 1162 Farbe: RAL 3000/9010

Baujahr: 2016
Zulassung:
In Dienst:
Außer Dienst:

Länge: 4818 mm
Höhe: 1835 mm
Breite: 1920 mm
Radstand: 3062 mm

Fahrzeughersteller:
Ford Transit Connect

Eigengewicht: 1720 kg
Gesamtgewicht: 2270 kg

Aufbauhersteller:
Compoint

Sonstiges:

Stationiert auf FW 1
Funkrufname: 1/16/2

Motor: 4 Zyl. Diesel
Leistung: 70 kW / 95 PS
Hubraum: 1560 ccm
Drehzahl: 3600

FMKW-N/11

Kennzeichen: N-FW 1170 Farbe: RAL 3000/9010

Baujahr: 2019
Zulassung:
In Dienst: 07.2019
Außer Dienst:

Länge: 4818 mm
Höhe: 1835 mm
Breite: 1920 mm
Radstand: 3062 mm

Fahrzeughersteller:
Ford Transit Connect

Eigengewicht: 1720 kg
Gesamtgewicht: 2270 kg

Aufbauhersteller:
Compoint

Stationiert auf FW 1
Funkrufname: ohne Funk

Baugleich:

N - FW 1171
FMKW - N/ 12 ohne Funk
N - FW 1172
FMKW - N/ 13 ohne Funk
N - FW 1173
FMKW - N/ 14 ohne Funk
N - FW 1174
FMKW - N/ 15 ohne Funk

Motor: 4 Zyl. Diesel
Leistung: 70 kW / 95 PS
Hubraum: 1560 ccm
Drehzahl: 3600

Einleitung Fahrzeuge des Erweiterten Katastrophenschutzes

Der Sicherheits- und Hilfsdienst (Ziviler Luftschutz im Verteidigungsfall) wurde mit Ende des Zweiten Weltkrieges aufgelöst. Mit Beginn des Kalten Krieges erkannte der Staat, dass Maßnahmen zum Schutz der Bevölkerung im Verteidigungsfall getroffen werden mussten. Das Bundeskabinett beauftragte 1952 das Innenministerium mit dem Aufbau von zivilen Luftschutzmaßnahmen für den Verteidigungsfall. Der zivile Katastrophenschutz wurde den Ländern übertragen. Aufgrund des Beschlusses wurde im Jahr 1953 das „Bundesamt für zivilen Luftschutz" (1958 Bundesamt für zivilen Bevölkerungsschutz, 1974 Bundesamt für Zivilschutz) gegründet, dass 1957 das erste Gesetz für Maßnahmen zum Schutz der Zivilbevölkerung im Verteidigungsfall auf den Weg brachte.

In Nürnberg wurde 1953 das Amt fur Katastrophenschutz errichtet. 1956 wurde es durch das Einbinden des Zivilen Luftschutzes zum Amt für Katastrophen- und Luftschutz. Aus diesem Amt entstand 1964 das Amt für Zivilschutz. Seit dieser Zeit sind auch Einheiten der Freiwilligen Feuerwehr Nürnberg im Luftschutzhilfsdienst eingebunden. Zu jeder Zeit verfügte das Amt für Zivilschutz über 16 Luftschutzfahrzeuge und insgesamt 300 Mann, die sich auf eine Luftschutzzug Feuerwehrbereitschaft und drei Luftschutzzüge Feuerwehrschnelltrupps aufteilten.

Der Luftschutzhilfsdienst wurde 1968 in den Erweiterte Katastrophenschutz des Bundes mit eingebunden. Der Erweiterte Katastrophenschutz teilte sich in viele Fachdienste.

Die drei Fachdienste, die die Feuerwehr Nürnberg betrafen, waren der Brandschutzdienst, der Bergungsdienst und der ABC-Dienst.

Nachdem die Ausstattungskomponenten des Bundes im Frieden auch zivil genutzt werden konnten, wurde in Nürnberg der Brandschutz- und Bergungsdienst in Katastrophenschutzzüge gegliedert und bei der Freiwilligen Feuerwehr eingegliedert. Die ABC-Komponente blieb als eigenständige Einheit unter Regie der Feuerwehr Nürnberg. Sie wurde in der Kongresshalle stationiert, in der sich ebenfalls deren Lager- und Schulungsräume, sowie der Befehlsraum der Örtlichen Katastrophen-Einsatzleitung befanden.

ABC-Einheiten in der Kongresshalle

Löschzug Wasser und Löschzug Retten bei den FF Buchenbühl, Laufamholz, Moorenbrunn, Worzeldorf, Gartenstadt, Almoshof und Werderau.

Diese Regelung hatte bis 1996/97 bestand. Durch den Zusammenbruch des Ostblocks wurde der Zivil- und Katastrophenschutz neu überdacht. Das Bundesamt für Zivilschutz wurde aufgelöst und deren Aufgabe dem Bundesverwaltungsamt übertragen. Der gesamte Fahrzeugbestand wurde an die Stadt Nürnberg übergeben, die bis dahin bestehenden Löschzüge aufgelöst. Die Fahrzeuge verblieben weiter bei den jeweiligen Einheiten.

Mit den Anschlägen auf das World Trade Center (2001) wurde erkannt, dass es weiterhin notwendig ist, auch für den militärischen Katastrophenfall gerüstet zu sein. Somit wurde 2004 das Bundesamt für Bevölkerungsschutz und Katastrophenhilfe (BBK) errichtet.

An die Feuerwehr Nürnberg wurde durch das BBK eine standardisierte Ausrüstung für ABC-Gefahren (chemisch, biologisch, radiologisch und nuklear) übergeben. (Dekontaminationsfahrzeuge, ABC-Erkundungskraftwagen)

Für den reinen zivilen Katastrophenschutz, dessen Aufgaben in den Bereich der Länder fiel, wurden durch das Bayerische Staatministerium des Inneren keine speziellen Katastrophenschutzeinheiten gebildet. Für Erkundungsmaßnahmen und die Unterstützung der Örtlichen Einsatzleitung im Katastrophenfall wurde eine Regieeinheit ins Leben gerufen (Unterstützungsgruppe Örtliche Einsatzleitung, UG-ÖEL).

Mit der Neuordnung des Katastrophenschutzes innerhalb der Stadt Nürnberg wurde der Feuerwehr Nürnberg im Jahr 2004 der gesamte Katastrophenschutz übertragen. Das Fahrzeug der UG-ÖEL wurde zur Freiwilligen Feuerwehr Nürnberg Moorenbrunn überführt, die zusammen mit der FFW Altenfurt die Sonderaufgaben innerhalb des Kat-Schutzes übernahmen.

Für den allgemeinen Dienstgebrauch wurden zwei weitere Fahrzeuge der ehemaligen Katastrophenschutzbehörde der Stadt übernommen.

Fukow 2 Funkkommandowagen

Kennzeichen: N - 8113

Baujahr: 1961
Zulassung: 15.05.1961
In Dienst:
Außer Dienst: 08.1986

Fahrzeughersteller:
Auto Union DKW Munga

Aufbauhersteller:
Auto Union AG

Stationiert bei
FF Werderau
Funkrufname: K.01/02

Motor:	3 Zyl. 2 -Takt
Leistung:	44 PS
Hubraum:	980 ccm
Drehzahl:	

Farbe: RAL 7008
ab 19? RAL 3000

Länge:	3450 mm
Höhe:	1875 mm
Breite:	1700 mm
Radstand:	2000 mm

Eigengewicht:	1245 kg
Gesamtgewicht:	1620 kg

Sonstiges:
1961 Übernommmen
ab 1969 FW 3 zeitweise
Fl. 9 und Leopold 0/11/2

Baugleich:
N - 8086; Fukow 1
Außer Dienst: 1986
N - 8115; Fukow 3
Außer Dienst: ?

FwA-Feldküche

Kennzeichen: N - 8116

Baujahr: 1979
Zulassung: 14.01.1980
In Dienst:
Außer Dienst:

Fahrzeughersteller:
Progresswerk Oberkirch

Aufbauhersteller:
Progresswerk Oberkirch

Stationiert bei
FF Werderau

RAL 2004

Länge:	3250 mm
Höhe:	1660 mm
Breite:	2060 mm

Eigengewicht:	1160 kg
Gesamtgewicht:	1200 kg

Sonstiges:
1979 übernommen vom
Malteser Hilfsdienst

FwA-Feldküche

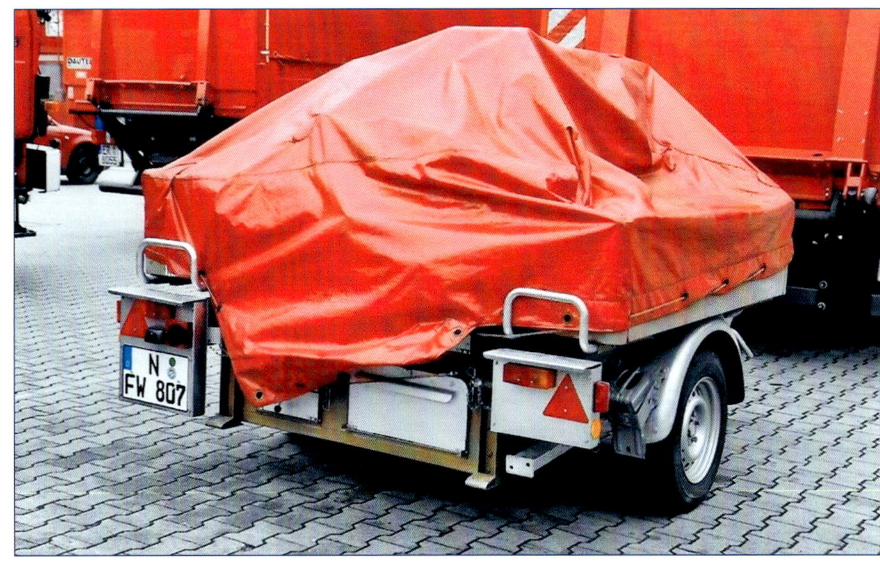

Kennzeichen: N - 8118
N - FW 807

Baujahr:
Zulassung:
In Dienst:
Außer Dienst:

Fahrzeughersteller:
Progresswerk Oberkirch

Aufbauhersteller:
Progresswerk Oberkirch

Stationiert bei
FF Werderau

Farbe: RAL 7008

Länge: 3250 mm
Höhe: 1660 mm
Breite: 2060 mm

Eigengewicht: 1160 kg
Gesamtgewicht: 1200 kg

Sonstiges:
1998 übernommen vom Arbeiter Samariter Bund

FwA-Feldküche

Kennzeichen:

Baujahr: 2017
Zulassung: 11.2017
In Dienst:
Außer Dienst:

Fahrzeughersteller:
Kärcher TFK 250

Aufbauhersteller:
Futuretech

Stationiert bei
FF Werderau

Farbe: RAL 3000

Länge: 4020 mm
Höhe: 2625 mm
Breite: 2160 mm

Eigengewicht:
Gesamtgewicht: 2170 kg

Sonstiges:
TFK Taktische Feldküche

bis 300 Menüs
bis 600 Einfachgerichte

FwA-Notstrom

Kennzeichen: N - 8016

Baujahr: 1965
Zulassung:
In Dienst:
Außer Dienst: ?

Fahrzeughersteller:
Erich Vaupel
Aggregatebau
Wuppertal-Küllenhahn

Aufbauhersteller:
A. van Kaick, Generator- u. Motorenwerke OHG
Frankfurt/Main

Stationiert auf FW1

Farbe: Beige

Länge:
Höhe:
Breite:

Eigengewicht:
Gesamtgewicht:

Sonstiges:
vom Luftschutz Hilfsdienst (LSHD) übernommen

Abbildung zeigt einen baugleichen Anhänger des Roten Kreuz

TLF 8/8

TFL 8/8 (EKS)

Fahrzeughersteller:
Daimler Benz
Unimog S 404.115

Aufbauhersteller:
Klöckner-Humboldt-Deutz
Werk Mainz

Motor: 6 Zyl. Benzin
Leistung: 82 PS
Hubraum: 2181 ccm
Drehzahl:

Farbe: RAL 3000

Länge: 4840 mm
Höhe: 2480 mm
Breite: 2050 mm
Radstand: 2900 mm

Eigengewicht: 3400 kg
Gesamtgewicht: 5000 kg

Pumpe: FP 8/8 S
Löschmittel: 800l Wasser

Nummer	Kennzeichen	Baujahr	Stationiert	außer Dienst
TLF 8/8	N - 8021			
TLF 8/8 ?	N - 8022			
TLF 8/8 ?	N - 8023			
TLF 8/8 ?	N - 8024			
TLF 8/8	N - 8025	1966	Koha	1969 zur Stadt Fürth FF Burgfarrnbach
TLF 8/8 ?	N - 8026			
TLF 8/8 ?	N - 8027			
TLF 8/8	N - 8028	1966	Koha	1970 zur Stadt Fürth FF Dambach
TLF 8/8 (FF 28)	N - 8029	1965	Werderau	1987
TLF 8/8 (FF 28)	N - 8030	1965	Werderau	1987
TLF 8/8 (FF 27)	N - 8031	1965	Gartenstadt	1987
TLF 8/8 (FF 27)	N - 8032	1965	Gartenstadt	?
TLF 8/8 (FF 16)	N - 8033	1965	Almoshof	?
TLF 8/8 (FF 27)	N - 8034	1965	Gartenstadt	1988 zur FF Heroldsberg
TLF 8/8 (FF 16)	N - 8035	1965	Almoshof	?
TLF 8/8 (LSHD)	N - 8036	1965	Luftschutz Hilfsdienst Kongresshalle	1970 Unfall
TLF 8/8 (FF 28)	N - 8037	1965	Werderau	1987
TLF 8/8 (LSHD)	N - 8038	1965	Luftschutz Hilfsdienst Kongresshalle	?
TLF 8/8 (LSHD)	N - 8039	1965	Luftschutz Hilfsdienst Kongresshalle	?
TLF 8/8 (FF 18)	N - 8040	1965	Laufamholz	1988
TLF 8/8 (FF 27)	N - 8041	1965	Worzeldorf	1988

TLF 16 (EKS)

Fahrzeughersteller:
Magirus Deutz
F Mercur 125 D10A

Aufbauhersteller:
Niedersächsische
Waggonfabrik
Josef Graaf, Elze

Motor: 6 Zyl. Diesel
Leistung: 125 PS
Hubraum: 7412 ccm
Drehzahl: 2500

Farbe: RAL 3000

Länge: 6550 mm
Höhe: 2820 mm
Breite: 2300 mm
Radstand: 3700 mm

Eigengewicht: 5980 kg
Gesamtgewicht: 9700 kg

Pumpe: FP 16/8
Löschmittel:2400l Wasser

Nummer	Kennzeichen	Baujahr	Stationiert	außer Dienst
TLF 16	N - 8018 FÜ - 8009	1965	Koha	1969 zur Stadt Fürth FF Vach
TLF 16 (FF 24)	N - 8079	1965		1989
TLF 16	N - 8080			
TLF 16	N - 8097		1968 Straßenholz 1973 Moorenbrunn	1989

VLF (EKS)

Fahrzeughersteller:
Daimler Benz
Unimog S 404.115

Aufbauhersteller:
Karosseriefabrik Voll
Würzburg-Heidingsfeld

Motor: 6 Zyl. Benzin
Leistung: 82 PS
Hubraum: 2181 ccm
Drehzahl:

Farbe: RAL 3000

Länge: 5100 mm
Höhe: 2500 mm
Breite: 2050 mm
Radstand: 2900 mm

Eigengewicht: 3250 kg
Gesamtgewicht: 5000 kg

Pumpe: TS 2/5
Löschmittel: 330l Wasser

Sonstiges:
Vorbauseilwinde A
von Daimler Benz

Nummer	Kennzeichen	Baujahr	Stationiert	außer Dienst
VLF 16	N - 8019	1965	1969 FW 1 197? Gartenstadt	1989
VLF 16 (FF 17)	N - 8020	1965	Werderau	1989

LF 16 TS (EKS)

Fahrzeughersteller:
Magirus Deutz
F Mercur 125 D10A

Aufbauhersteller:
Karosseriefabrik Voll
Würzburg-Heidingsfeld

Niedersächsische
Waggonfabrik
Josef Graaf, Elze

Klöckner-Humboldt-Deutz
Werk Ulm

Josef Rathgeber AG
München-Mosach

Motor: 6 Zyl. Diesel
Leistung: 125 PS
Hubraum: 7412 ccm
Drehzahl: 2500

Farbe: RAL 3000

Länge: 6985 mm
Höhe: 2950 mm
Breite: 2300 mm
Radstand: 3700 mm

Eigengewicht: 6050 kg
Gesamtgewicht: 10000 kg

Pumpe:
fest: FP16/8
tragbar: TS 8/8

Nummer	Kennzeichen	Baujahr	Stationiert	Aufbau	außer Dienst
LF 16 TS	N - 8001 FÜ - 8008	1965	Kongesshalle	?	1966 zur Stadt Fürth
LF 16 TS	N - 8002 FÜ - 8011	1965	Kongresshalle	Graaf	1970 zur Stadt Fürth FF Unterfarnbach
LF 16 TS (FF 17)	N - 8003	1965	Buchenbühl	?	1987 FF Ansbach
LF 16 TS	N - 8071 FÜ - 8004	1967	Kongresshalle	KHD	1970 BF Fürth
LF 16 TS (LSHD)	N - 8074		Kongresshalle	?	
LF 16 TS (FF 23)	N - 8075	1967	1976 Straßenholz 1973 Moorenbrunn	Rathgeber	1991 FF Pleinfeld
LF 16 TS (FF 24)	N - 8076	1967	1967 FF ? 1970 FW 3 (Fahrschule) 1988 Worzeldorf	Rathgeber	1991
LF 16 TS (FF 28)	N - 8094	1965	Werderau	?	1991
LF 16 TS (FF 17)	N - 8095	1965	1968 Gleißhammer 1973 Buchenbühl	?	1990
LF 16 TS (FF 18)	N - 8096	1965	1968 Höfen 1973 FW 3 197? Laufamholz	?	1990 FF Reitenbach
LF 16 TS (FF 18)	N - 8104	1965	1969 Laufamholz	?	1991 FF Ammerndorf
LF 16 TS (FF 16)	N - 8105	1969	Almoshof	?	1991
LF 16 TS (FF 27)	N - 8106	1967	Gartenstadt	?	1991

LF 16 TS (EKS)

Kennzeichen: N - 8032

Baujahr: 1981
Zulassung: 03.12.1981
In Dienst:
Außer Dienst: 11.2010

Fahrzeughersteller:
Magirus Deutz
FM 170 D11 FA 37

Aufbauhersteller:
Karosseriefabrik Voll
Würzburg - Heidingsfeld

Stationiert bei
FF Almoshof
Funkrufname: 16/41/1

Motor: 6 Zyl. Diesel
Leistung: 176 PS
Hubraum: 8424 ccm
Drehzahl:

Farbe: RAL 3000

Länge: 7025 mm
Höhe: 3075 mm
Breite: 2465 mm
Radstand: 3750 mm

Eigengewicht: 6965 kg
Gesamtgewicht: 11500 kg

Pumpe:
fest: FP 16/8 ZS KHD
tragbar: TS 8/8 Mag

Sonstiges:
ab 1981 FF Großgründlach Florian 12/41/1

LF 16 TS (EKS)

Fahrzeughersteller:
Iveco 90-16AW Turbo Allr

Aufbauhersteller:
Josef Lentner
Grafing bei München

Motor: 6 Zyl.
Leistung: 160 PS
Hubraum: 6086 ccm
Drehzahl:

Farbe: RAL 3000

Länge: 7250 mm
Höhe: 3100 mm
Breite: 2485 mm
Radstand: 3500 mm

Eigengewicht: 6275 kg
Gesamtgewicht: 9000 kg

Pumpe:
fest: FP16/8 S
tragbar: TS8/8 Ziegler

Nummer	Kennzeichen	Baujahr	Stationiert	außer Dienst
LF 16 TS (FF 17)	N - 8004	1988	Buchenbühl	2014
LF 16 TS (FF 18)	N - 8113	1988	Laufamholz 2012 Almoshof	2015
LF 16 TS (FF 23)	N - 8112	1989	Moorenbrunn 2012 Großgründlach	2014
LF 16 TS (FF 24)	N - 8037	1988	Worzeldorf 1996 Großgründlach	2008
LF 16 TS (FF 27)	N - 8109	1989	Gartenstadt	2014
LF 16 TS (FF 28)	N - 8083	1987	Werderau	2014

LF 16 TS (EKS)

Fahrzeughersteller:
Daimler-Benz
LAF 1113 B/42 Allr.

Aufbauhersteller:
Josef Lentner
Grafing bei München

Motor: 6 Zyl.
Leistung: 168 PS
Hubraum: 5638 ccm
Drehzahl:

Farbe: RAL 3000

Länge: 7700 mm
Höhe: 3000 mm
Breite: 2480 mm
Radstand: 4200 mm

Eigengewicht: 6320 kg
Gesamtgewicht: 9000 kg

Pumpe:
fest: FP 24/8 S Ziegler
tragbar: TS 8/8 Ziegler

Nummer	Kennzeichen	Baujahr	Stationiert	außer Dienst
LF 16 TS (FF 17)	N - 8056	1990	Buchenbühl	1997
LF 16 TS (FF 18)	N - 8041	1990	Laufamholz	1997 FF Höchstadt
LF 16 TS (FF 23)	N - 8034	1990	Moorenbrunn	1997
LF 16 TS (FF24)	N - 8040	1990	Worzeldorf 1996 Großgründlach	2012
LF 16 TS (FF 27)	N - 8031	1990	Gartenstadt	1997 FF Coburg
LF 16 TS (FF 16)	N - 8035	1990	Almoshof, 1995 Großgründlach 1996 Worzeldorf	1997 FF Limbach
LF 16 TS (FF 28)	N - 8028	1990	Werderau	1997

LF 20 KatS (EKS)

Kennzeichen: N-FW 8005

Baujahr: 2015
Zulassung: 2015
In Dienst:
Außer Dienst:

Fahrzeughersteller:
Mercedes Atego 1323 AF

Aufbauhersteller:
Albert Ziegler, Giengen

Stationiert bei
FF Worzeldorf
Funkrufname: 24/41/1

Motor: 4 Zyl. Reihe
Leistung: 231 PS
Hubraum: 5132 ccm
Drehzahl: 1200

Farbe: RAL 3000

Länge: 7210 mm
Höhe: 3300 mm
Breite: 2500 mm
Radstand: 3860 mm

Eigengewicht:
Gesamtgewicht:12820 kg

Pumpe:
fest: FP10-2000
tragbar: PFPN 10-1500

Löschmittel:1000l Wasser

Baugleich:
N - FW 8001; LF 20 KatS
FF Werderau
Florian 28/41/1

SKW

Fahrzeughersteller:
Magirus Deutz F Mercur
125 D10A

Aufbauhersteller:
Peter Bauer
Köln-Ehrenfeld

Motor: 6 Zyl. Diesel
Leistung: 125 PS
Hubraum: 7412 ccm
Drehzahl: 2500

Farbe: RAL 3000

Länge: 6600 mm
Höhe: 2820 mm
Breite: 2300 mm
Radstand: 3700 mm

Eigengewicht: 8320 kg
Gesamtgewicht: 10000 kg

Pumpe:
TS 8/8 KHD

Nummer	Kennzeichen	Baujahr	Stationiert	außer Dienst
SKW	N - 8101 N - 2778	1968	Straßenholz 1973 Moorenbrunn	1993
SKW	N - 8017	1965	-	1969 zur Stadt Fürth FF Fürth Stadt-Mitte
SKW (LSHD)	N - 8101	-	-	-
SKW	N - 8103 N - 20719	1968	1992 Worzeldorf	2002 Feuerwehrmuseum Nürnberg

SW 2000 Tr

Kennzeichen: N - 8076

Baujahr: 1995
Zulassung: 06.02.1996
In Dienst: 05.03.1996
Außer Dienst:

Fahrzeughersteller:
Iveco
FF95E18 Eurocargo

Aufbauhersteller:
Josef Lentner

Stationiert bei
FF Moorenbrunn
Funkrufname: 23/88/1

Motor: 6 Zyl.
Leistung: 130 kW
Hubraum: 5861 ccm
Drehzahl:

Farbe: RAL 3000

Länge: 6800 mm
Höhe: 3000 mm
Breite: 2500 mm
Radstand:

Eigengewicht: 8475 kg
Gesamtgewicht: 9600 kg

Pumpe: TS 8/8

Sonstiges:
ab 2005 FF Worzeldorf
Florian 24/88/1

2,2 km B-Druckschlauch
Faltbehälter 5000 l

RW 1 (EKS)

Fahrzeughersteller:
Daimler Benz
Unimog 1300 L/37

Aufbauhersteller:
Wackenhut, Nagold

Motor: 6 Zyl. Diesel
Leistung: 136 PS
Hubraum: 5636 ccm
Drehzahl:

Farbe: RAL 3000

Länge: 5650 mm
Höhe: 2930 mm
Breite: 2420 mm
Radstand: 3250 mm

Eigengewicht: 5760 kg
Gesamtgewicht: 7490 kg

Nummer	Kennzeichen	Baujahr	Stationiert	außer Dienst
RW (FF 16)	N - 8009 N - 20723	1988	Almoshof 1995 Fischbach	201?
RW (FF 17)	N - 8030 N - 20724	1988	Buchenbühl	2012
RW (FF 18)	N - 8016 N - 20721	1988	Laufamholz 2000 Altenfurt	
RW (FF27)	N - 8014 N - 20722	1985	Gartenstadt	2013
RW (FF 28)	N - 8020 N - 20725	1988	Werderau 2001 Worzeldorf	2010

FüKw-Tel

Kennzeichen: N - 8101

Baujahr: 1979/1980
Zulassung:
In Dienst:
Außer Dienst:

Fahrzeughersteller:
VW T2

Aufbauhersteller:
Odenwaldwerke

Stationiert bei
FF Moorenbrunn
Funkrufname: 23/12/1

Motor: 4 Zyl. Boxer Otto
Leistung: 70 PS
Hubraum: 1970 ccm
Drehzahl: 4200

Farbe: Orange

Länge: 4505 mm
Höhe: 1960 mm
Breite: 1720 mm
Radstand: 2400 mm

Eigengewicht: 1325 kg
Gesamtgewicht: 2305 kg

Sonstiges:
FüKw - Tel 80
Führungskraftwagen
Technische Einsatzleitung

1999 von ABC Zug der Stadt Nürnberg übernommen
Unterstützungsgruppe
Örtliche Einsatzleitung
Unterstützung des ELW 3

GW-Mess 2

Kennzeichen: N - 8174
Farbe: RAL 3000
ab 2004 RAL 3000/9010

Baujahr: 2000
Zulassung: 30.10.2001
In Dienst:
Außer Dienst:

Länge: 5505 mm
Höhe: 2665 mm
Breite: 1989 mm
Radstand: 3700 mm

Fahrzeughersteller:
Fiat Ducato Maxi L2B 2,8

Eigengewicht: 2694 kg
Gesamtgewicht: 3500 kg

Aufbauhersteller:
Mosolf

Sonstiges:
ABC - Erkundungskraftwagen

Stationiert auf FW 1
Funkrufname: 1/96/2

Motor: 4 Zyl. Reihe
Leistung: 90 kW/122 PS
Hubraum: 2800 ccm
Drehzahl: 3800

GW-Transport (EKS)

Kennzeichen: N - 8142
Farbe: RAL 3000/9010

Baujahr: 2001
Zulassung: 12.09.2001
In Dienst:
Außer Dienst:

Länge: 7360 mm
Höhe: 3300 mm
Breite: 2500 mm
Radstand: 4250 mm

Fahrzeughersteller:
MAN 10.163 LAEC/L26 (4x4) Doppelkabine

Eigengewicht: 6350 kg
Gesamtgewicht:10500 kg

Aufbauhersteller:
Empl Germany

Sonstiges:
ab 2007 FW 2; GW - T 2
Florian 2/97/1
ab 20?? Florian 2/68/1

Stationiert auf FW 4
Funkrufname: 4/97/1

Transportfahrzeug für Geräte Dekon - P

Motor: 6 Zyl.
Leistung: 155 PS
Hubraum: 4580 ccm
Drehzahl: 2400

GW-Dekon P (EKS)

Kennzeichen: N - FW 814
Farbe: RAL 3000

Baujahr: 2015
Zulassung:
In Dienst:
Außer Dienst:

Länge: 8600 mm
Höhe: 3400 mm
Breite: 2250 mm
Radstand: 4500 mm

Fahrzeughersteller:
MAN TGM 18.340

Eigengewicht: 9300 kg
Gesamtgewicht:16000 kg

Aufbauhersteller:
Freytag, Elze

Sonstiges:

Stationiert auf FW 2
Funkrufname: 2/67/1

Transportfahrzeug für Geräte Dekon - P

Motor: 6 Zyl.
Leistung: 340 PS
Hubraum: 6871 ccm
Drehzahl: 2200

GW-Transport, DMF, SSF (EKS)

GW-Transport (EKS)

Kennzeichen: N - 8018
Farbe: RAL 3000
ab 2007 RAL 3000/9010

Baujahr: 2005
Zulassung: 2005
In Dienst:
Außer Dienst:

Länge: 7100 mm
Höhe: 3200 mm
Breite: 2500 mm
Radstand: 4185 mm

Fahrzeughersteller:
Iveco Eurocargo 75 E15
Tekto

Eigengewicht: 4470 kg
Gesamtgewicht: 7490 kg

Aufbauhersteller:
Achleitner Wörgl, BFN

Sonstiges:
ab 2007 FW 4; GW - T 4
ab 2010 N - FW 810
Florian 4/56/1

Stationiert auf FW 4
Funkrufname: 4/86/1

Motor: 4 Zyl.
Leistung: 150 PS
Hubraum: 3920 ccm
Drehzahl:

DMF

Kennzeichen: N - 8136
Farbe: RAL 2004

Baujahr: 1980
Zulassung: 07.07.1981
In Dienst:
Außer Dienst: 03.2009

Länge: 7900 mm
Höhe: 3500 mm
Breite: 2500 mm
Radstand: 4600 mm

Fahrzeughersteller:
MAN 13.168 HA/2 Allrad

Eigengewicht: 10825 kg
Gesamtgewicht:13000 kg

Aufbauhersteller:
Odenwaldwerke
Elztal-Rittersheim

Sonstiges:
DMF
Dekontaminations
Mehrzweck Fahrzeug

Stationiert in der
Kongresshalle
Funkrufname: K 5/97/4

1999 von ABC Zug der
Stadt Nürnberg
übernommen
Sondereinsatzgruppe-
Umwelt
ab 2000 Florian 41/97/1

Motor: 5 Zyl. Diesel
Leistung: 168 PS
Hubraum: 9445 ccm
Drehzahl: 2300

SSF

Kennzeichen: N - 8197
Farbe: RAL 2004

Baujahr: 1981
Zulassung: 21.07.1982
In Dienst:
Außer Dienst: 2011

Länge: 7100 mm
Höhe: 3000 mm
Breite: 2400 mm
Radstand:

Fahrzeughersteller:
MB L 608 D

Eigengewicht: 4300 kg
Gesamtgewicht: 6790 kg

Aufbauhersteller:

Sonstiges:
SSF
Strahlenschutzfahrzeug

Stationiert in der
Kongresshalle
Funkrufname: K5/53/3

1999 von ABC Zug der
Stadt Nürnberg
übernommen
Sondereinsatzgruppe-
Umwelt
ab 2000 Florian 41/53/1

Motor: 4 Zyl. Reihe
Leistung: 85 PS
Hubraum: 3758 ccm
Drehzahl: 2800

GW-Strahlenschutz

Kennzeichen: N -FW 531 Farbe: RAL 3000

Baujahr: 2011
Zulassung:
In Dienst:
Außer Dienst:

Länge: 7210 mm
Höhe: 3100 mm
Breite: 2205 mm
Radstand: 4250 mm

Fahrzeughersteller:
Mercedes-Vario 816 D

Eigengewicht: 4800 kg
Gesamtgewicht: 7490 kg

Aufbauhersteller:
Evolution Fahrzeugbau

Sonstiges:
Betreut durch die FF Gartenstadt

Stationiert in der Kongresshalle
Funkrufname: 27/53/1

Motor: 4 Zyl. Bluetec 5
Leistung: 115 kW/155 PS
Hubraum: 4249 ccm
Drehzahl:

AC ErkKW

Kennzeichen: N - 8007 Farbe: RAL 1014

Baujahr: 1992
Zulassung: 23.09.1993
In Dienst:
Außer Dienst: 2018

Länge: 4916 mm
Höhe: 2444 mm
Breite: 1972 mm
Radstand:

Fahrzeughersteller:
Ford Transit FT 100

Eigengewicht: 1875 kg
Gesamtgewicht: 2650 kg

Aufbauhersteller:

Sonstiges:
1999 von ABC Zug der Stadt Nürnberg übernommen Sondereinsatzgruppe-Umwelt

Stationiert in der Kongresshalle
Funkrufname: K5/96/1

Motor: 4 Zyl.
Leistung: 70 PS
Hubraum 2496 ccm
Drehzahl: 4000

ab 2000 Florian 41/96/1
ab 2010 FW 4
ab 2011 FF Gartenstadt Florian 27/14/1

AC ErkKW

Kennzeichen: N - 8073 Farbe: RAL 2004

Baujahr: 1980
Zulassung: 14.01.1981
In Dienst:
Außer Dienst: 2014

Länge: 4570 mm
Höhe: 1960 mm
Breite: 1845 mm
Radstand: 2460 mm

Fahrzeughersteller:
VW T3 Typ 253

Eigengewicht: 1395 kg
Gesamtgewicht: 2360 kg

Aufbauhersteller:

Sonstiges:
1999 von ABC Zug der Stadt Nürnberg übernommen Sondereinsatzgruppe-Umwelt

Stationiert in der Kongresshalle
Funkrufname: K5/96/2

Motor: 4 Zyl.
Leistung: 70 PS
Hubraum: 1957 ccm
Drehzahl: 4200

ab 2000 Florian 41/96/2
ab 2008 FF Laufamholz

PKW KatS

Kennzeichen: N - 8196   Farbe: RAL 1014

Baujahr: 1985
Zulassung:
In Dienst:
Außer Dienst: ?

Länge: 4435 - 4540 mm
Höhe: 1385 mm
Breite: 1685 mm
Radstand: 2550 mm

Fahrzeughersteller:
Passat Variant

Eigengewicht: 845 kg
Gesamtgewicht:

Aufbauhersteller:

Sonstiges:
ab Juli 2008 bei FW

Stationiert:
Funkrufname:

Motor: 4 Zyl. Otto
Leistung: 90 PS
Hubraum: 1781 ccm
Drehzahl: 5200

Dw BevS

Kennzeichen: N - FW 143 Farbe: 3000/9010

Baujahr: 2012
Zulassung:
In Dienst:
Außer Dienst:

Länge: 4406 mm
Höhe: 2000 mm
Breite: 1794 mm
Radstand: 2682 mm

Fahrzeughersteller:
VW Caddy

Eigengewicht: 1620 kg
Gesamtgewicht: 2159 kg

Aufbauhersteller:
Compoint

Sonstiges:
Dienstwagen
Bevölkerungsschutz

Stationiert auf FW 4
Funkrufname: 4/50/3

Motor: 4 Zyl. Diesel
Leistung: 102 PS
Hubraum: 1598 ccm
Drehzahl: 4400

MTW BevS

Kennzeichen: N-FW 4141 Farbe: RAL 3000/9010

Baujahr: 2014
Zulassung:
In Dienst:
Außer Dienst:

Länge:
Höhe:
Breite:
Radstand:

Fahrzeughersteller:
Ford Transit Custom

Eigengewicht:
Gesamtgewicht:

Aufbauhersteller:
Compoint

Sonstiges:
Mannschaftstransport-
fahrzeug
Bevölkerungsschutz

Stationiert auf FW 4
Funkrufname: Fl 4/14/1

Motor:
Leistung:
Hubraum:
Drehzahl:

ELW 1 (KatS)

Kennzeichen: N - 8199
Farbe: RAL 2004

Baujahr: 1990
Zulassung:
In Dienst:
Außer Dienst: ?

Länge: 4606 mm
Höhe: 2552 mm
Breite: 1938 mm
Radstand: 2802 mm

Fahrzeughersteller:
Ford Transit

Eigengewicht: 1500 kg
Gesamtgewicht: 2500 kg

Aufbauhersteller:

Stationiert in der Kongresshalle

Sonstiges:
ab Juli 2008 bei FW

Funkrufname:
Kat.Nbg 12/2

Motor: 4 Zyl.
Leistung: 70 PS
Hubraum: 2496 ccm
Drehzahl: 4000

Kolonnenfahrt (Kallmünz 1977)

Kolonnenfahrt 2013

Einleitung Fahrzeuge des Sicherheits- und Hilfsdienstes (SHD)

Der zivile Luftschutz hatte in der Weimarer Zeit seine Anfänge. Im November 1927 wurde durch die Reichsregierung dem Reichsministerium des Inneren der Luftschutz übertragen. Mit der Machtergreifung der Nationalsozialisten im Jahr 1933 wurden die bis dahin bestehenden Strukturen übernommen, die Führung wurde dem „Reichskommissar für die Luftfahrt" übertragen, der im Mai 1933 zum „Reichsminister der Luftfahrt" (RdL) ernannt wurde.

Die bestehenden Luftschutzvereine wurden zum Reichsluftschutzbund (RLB) zusammengefasst. Es entstand die Reichsanstalt für Luftschutz (1935), die für die theoretische und praktische Schulung der Kräfte des Sicherheits- und Hilfsdienstes verantwortlich war.

Im Luftschutzgesetz vom 26. Juni 1935 wurde der Luftschutz festgeschrieben. Nach § 1 war der Luftschutz eine Aufgabe des Reiches, der sich dazu der Hilfe aller Behörden und Dienststellen bedienen konnte. Nach § 2 war jeder Deutsche zum Luftschutzdienst durch polizeiliche Verfügung verpflichtet. Der Luftschutz wurde in den Selbstschutz der Bevölkerung und den hoheitlichen Luftschutz, dem Sicherheits- und Hilfsdienst (SHD), aufgeteilt. Verantwortlich für den Einsatz der Luftschutz-Kräfte (LS-Kräfte) war der örtliche Luftschutzleiter.

Die Planungen und die Typisierung der Feuerwehrfahrzeuge des SHD-Dienstes wurden 1933 durch das Reichsluftfahrt-Ministerium (RLM) festgelegt. Es entstanden die Normentwürfe für KzS, KS 15, KS 25, KL 26 und so weiter. In dieser Zeit mussten sich die deutschen Feuerwehrgerätehersteller auf Weisung der Regierung zur „Arbeitsgemeinschaft der deutschen Feuerwehrgeräteindustrie" zusammenschließen. Mit der Bewilligung des Schell-Plans im Jahr 1940 und der Typenbegrenzung im Feuerlöschfahrzeugbau wurden zehn Typen in drei Nutzlastklassen festgeschrieben.

Organisation des Sicherheits- und Hilfsdienstes

Sicherheitsdienst		Polizei
Feuerlöschdienst	F-D	Feuerwehr
Instandsetzungsdienst	I-D	Technische Nothilfe
Entgiftungsdienst	E-D	vermutlich Städtische Straßenreinigung, ab 1940 zum FE (Feuerlösch- und Entgiftungsdienst) zusammengelegt.
Sanitätsdienst		Deutsches Rotes Kreuz, Gesundheitsamt
Veterinärdienst		

KS 15-054

Beschaffung des Reichsluftfahrt-Ministerium	Beschaffung für Innenministerium	Einheitsfahrzeug ab 04.1943

Löschgruppenfahrzeuge

Untere Gewichtsklasse bis 1,5 Tonnen Nutzlast
Offener Mannschaftswagen mit Tragkraftspritzenanhänger

Beschaffung des Reichsluftfahrt-Ministerium	Beschaffung für Innenministerium	Einheitsfahrzeug ab 04.1943
KzS 8 Kraftzugspritze		

Eingebaute Feuerlöschkreiselpumpe mit einer Leistung von 1500 Liter pro Minute

Beschaffung des Reichsluftfahrt-Ministerium	Beschaffung für Innenministerium	Einheitsfahrzeug ab 04.1943
KS 8 Kraftfahrspritze 8	LLG Leichtes Löschgruppenfahrzeug	LF 8

Mittlere Gewichtsklasse bis 3 Tonnen Nutzlast
Eingebaute Feuerlöschkreiselpumpe mit einer Leistung von 2000 Liter pro Minute
Eingebauter Löschwassertank mit 400 Liter Inhalt

Beschaffung des Reichsluftfahrt-Ministerium	Beschaffung für Innenministerium	Einheitsfahrzeug ab 04.1943
KS 15 Kraftfahrspritze 15	SLG Schweres Löschgruppenfahrzeug	LF 15

Obere Gewichtsklasse bis 4,5 Tonnen Nutzlast
Eingebaute Feuerlöschkreiselpumpe mit einer Leistung von 2500 Liter pro Minute
Eingebauter Löschwassertank mit 1500 Liter Inhalt

Beschaffung des Reichsluftfahrt-Ministerium	Beschaffung für Innenministerium	Einheitsfahrzeug ab 04.1943
KS 25 Kraftfahrspritze 25	GLG Großes Löschgruppenfahrzeug	LF 25

Drehleitern

Beschaffung des Reichsluftfahrt-Ministerium	Beschaffung für Innenministerium	Einheitsfahrzeug ab 04.1943
DL 26 (Leiterlänge 26 m)	DL 17 (Leiterlänge 17 m) DL 22 (Leiterlänge 22 m) DL 32 (Leiterlänge 32 m)	

Schlauchwagen

Mittlere Gewichtsklasse bis 3 Tonnen Nutzlast

Beschaffung des Reichsluftfahrt-Ministerium	Beschaffung für Innenministerium	Einheitsfahrzeug ab 04.1943
	SSK Schwerer Schlauchkraftwagen	S 3

Obere Gewichtsklasse bis 4,5 Tonnen Nutzlast

Beschaffung des Reichsluftfahrt-Ministerium	Beschaffung für Innenministerium	Einheitsfahrzeug ab 04.1943
Schlauchkw Schlauchkraftwagen	GSK Großer Schlauchkraftwagen	S 4,5

Das Personal der Einsatzkräfte des SHD-Nürnbergs wurde 1935 erfasst und die ersten Fahrzeuge durch das Reichsministerium für Luftfahrt beschafft.

Befehlsmäßig unterstanden Einheiten und Fahrzeuge dem Luftgaukommando XIII. Im Luftschutzfall unterstanden diese dem örtlichen Luftschutzleiter (Polizeipräsidenten). Eigentümer der Fahrzeuge des SHD blieb das Ministerium für Luftfahrt, für Pflege und Unterhalt war die örtliche Luftschutzleitung verantwortlich. Zu erkennen waren die Fahrzeuge am Luftwaffennummernschild (WL). Fehlende Fahrzeuge (PKW, LKW, Motor- und Fahrräder) sollten bei Ausruf des Luftschutzes von Zivilpersonen beschlagnahmt werden.

Organisatorisch wurden in Nürnberg 26 SHD Einheiten gebildet und in Luftschutz-Reviere (LS-Reviere) aufgeteilt, die den in Nürnberg und Fürth bestehenden Polizeirevieren entsprachen. Untergebracht waren diese in den verschiedensten Unterkünften, die sich im Lauf des Krieges durch Zerstörungen immer wieder verlagerten (zum Beispiel Petzengarten, Mainzer Platz, Bucher Straße 137, Frankenstraße 62, Palmplatz und so weiter).

Die Aufteilung in LS-Reviere wurde nach Kriegsbeginn am 25. November 1939 geändert, sie wurden aufgelöst und die FE-Bereitschaften direkt den Luftschutz-Abschnitten unterstellt.

I. FE Abteilung
(Luftschutz-Abschnitt Mitte)

Hauptfeuerwache
1. FE Bereitschaft

Feuerwache West
2. und 10. FE Bereitschaft

Bucherstraße 137
4. FE Bereitschaft

II. FE Abteilung
(Luftschutz-Abschnitt Nord)

Feuerwache Ost
3. FE Bereitschaft

III. FE Abteilung
(Luftschutz-Abschnitt Süd)

Gruppenwache SA-Lager
Alter Tiergarten
5., 6. und 9. FE Bereitschaft

IV. FE Abteilung
(Luftschutz-Abschnitt West)

Feuerwache Fürth
7. und 8. FE Bereitschaft

SHD Fahrzeugbestand 1937
20 Kraftspritzenfahrzeuge
24 Einachs-Löschfahrzeuge
(Tragkraftspritzen-Anhänger)

SHD Fahrzeugstand 12. Sep. 1939
11 Löschzüge
7 Kraftfahrleitern
16 Halblöschzüge (Kraftzugspritze)
5 Schlauchwagen
14 LS- Sanitätsabteilungen
9 Krankentransportwagen
8 Veterinär- Tiertransportwagen
16 Instandsetzungstrupps
5 Sprengtrupps
15 Entgiftungstrupps
18 Fachgruppen (8 Wasser, 8 Strom, 2 Kanalisation)

SHD Fahrzeugstand 1941
(Aufzeichnungen Foedrewietz)
15 Kraftfahrspritzen
7 Kraftfahrleitern
18 Kraftzugspritzen 8
5 Schlauchkraftwagen
1 Nachrichtenkraftwagen
214 LKW
37 Motorräder
79 PKW
6 Kraftfahrsirenen
2 Anhänger für LKW
49 Fahrräder

Sicherheits- und Hilfsdienst im Hof der Feuerwache 1

1940 wurde die SHD-Abt. 34 mot. aufgestellt. Diese Einheit war eine nicht ortsgebundene und konnte im gesamten damaligen Reichsgebiet eingesetzt werden. Das Personal rekrutierte sich aus Männern der Regierungsbezirke Karlsbad, Mittel- und Oberfranken und Mainfranken. Im Mai 1940 wurde die Einheit per Bahn als Reserve der 3. Luftflotte nach Chozenton bei Paris verlegt. Im Herbst erfolgte die Verlegung an die Küste (Bretange, Normandie). Sie wurde in Brest, Lorient und Cherbourg eingesetzt. 1943 erfolgte die Rückverlegung ins damalige Reichsgebiet. Sie wurde dem Luftgaukommando III zugeteilt und dem Luftschutzregiment 3 (Berlin) unterstellt. Mit Ende des Zweiten Weltkrieges wurde die Einheit aufgelöst. (Quelle: Emil Alafberg trat 1940 in die SHD-Abt. 34 mot. ein und diente 1 ½ Jahre in der Bretagne)

Die SHD-Abt. 34 mot., ab 1943 LS-Abteilung 34 mot., bestand aus dem Stab, 2 FE-Bereitschaften, einer Instandsetzungsbereitschaft, einer Sanitätsbereitschaft, einer Krankentransportstaffel und aus einem Tross von 19 PKW, 18 Motorrädern und 75 LKW (Stärke 493 Mann).

Verladeübung des SHD 1938

SHD-Quartier im alten Tiergarten (1943)

Eine genaue Aufstellung der Fahrzeuge des Sicherheits- und Hilfsdienstes Nürnberg/Fürth ist schwierig, da es immer wieder zu Veränderungen des Fahrzeugbestandes kam. So verlor der SHD beim Angriff am 31. März 1943: sieben Schwere Löschgruppenfahrzeuge (LF 25), zwei Leichte Löschgruppenfahrzeuge (LF 8), drei Schlauchwagen (S 3) und eine Kraftfahrleiter.

Die Unterkunft „Alter Tiergarten" wurde bei diesem Luftangriff ebenfalls erheblich in Mitleidenschaft gezogen. In der Unterkunft an den Buchersälen wurden durch einen Angriff am 21. Februar 1945 vier Löschfahrzeuge zerstört.

Bei Luftangriffen wurden nicht nur Nürnberger Fahrzeuge beschädigt beziehungsweise zerstört, sondern auch Fahrzeuge der überörtlichen Löschmannschaften, die in Nürnberg eingesetzt wurden. So wurde zum Beispiel bei einem Luftangriff am 21. Februar 1945 ein LF 15 aus Lauf und ein LF 15 aus Rothenburg o. d. T. durch Brandeinwirkung in der Brunnengasse zerstört. Bei der Fahrt nach Nürnberg verlor eine Einheit der LSchP mot. durch einen Tieffliegerangriff bei Baiersdorf ein LF 25 und ein Tanklöschfahrzeug, sechs weitere Löschfahrzeuge wurden dabei beschädigt.

Nachdem immer mehr Fahrzeuge bei Luftangriffen beschädigt oder ganz zerstört wurden, begann man 1944 mit dem Bau von Splittergräben im Bereich Roonstraße, Bucher Straße und am Alten Tiergarten.

Im Verlauf des Krieges zeigte es sich, dass die Befehlsführung der Einheiten des SHD schwierig war. Immer wieder kam es zu Kompetenzschwierigkeiten zwischen dem Reichsluftschutzministerium, dem Luftgaukommando und den örtlichen Luftschutzleitern. Mit Wirkung zum 1. April 1942 wurden ortsfeste Luftschutzeinheiten des SHD unter die Befehlsgewalt des Reichsführer SS gestellt und zur Luftschutzpolizei (LS) umbenannt. Die SHD-Abt. 34 mot. blieb weiter unter der Führung des Reichsluftschutzministeriums und unterstand der Befehlsgewalt der Luftwaffe. Nachdem viele Unterlagen der damaligen Zeit verloren gingen, aus der betreffenden Zeit ist fast kein Bildmaterial vorhanden, viele Privatfahrzeuge beschlagnahmt waren und es innerhalb der Organisationen immer wieder zu Änderungen kam, ist eine genauere Aufstellung aller Fahrzeuge nicht möglich.

Nach dem Krieg wurden die beschlagnahmten Fahrzeuge, wenn sie nicht durch die amerikanische Militärregierung konfisziert wurden, wieder ihren Besitzern zurückgegeben. Die stadteigenen Fahrzeuge wurden an die Stadt übergeben. Alle weiteren Fahrzeuge wurden an der Feuerwache West gesammelt und durch die Militärregierung in der gesamten amerikanisch besetzten Zone aufgeteilt beziehungsweise verkauft. Durch die Wirren im April 1945 wurden Fahrzeuge gestohlen, deren Verbleib bis heute ungeklärt ist.

Ein anderes Beispiel zeigt der Fall eines Löschfahrzeuges (LF 8), das nach dem Krieg 1945 verloren ging und 1953 bei einer Limonadenfabrik wieder aufgefunden wurde. Anhand der Fahrgestellnummer konnte es zugeordnet werden und wurde an die Feuerwehr Nürnberg zurückgegeben. Ein Großes Löschgruppenfahrzeug (LF 15) wurde 1945 durch die amerikanische Militärbehörde beschlagnahmt. Dessen Verbleib war ungeklärt, bevor es 1953 am Flughafen Obertraubling aufgefunden wurde und ebenfalls an die Feuerwehr Nürnberg zurückgegeben werden konnte.

Nachdem von den Fahrzeugen des Sicherheits- und Hilfsdienstes (SHD) und des Feuerlösch- und Entgiftungsdienstes (FE) fast keine Bilder vorhanden sind und ein Großteil der Fahrzeuge nur temporär unter der Obhut der Feuerschutzpolizei Nürnberg standen, werden diese Fahrzeuge nur in einer Listenansicht dargestellt.

Fahrzeuge des SHD und des FE, von denen keine Bilder vorhanden sind

Typ	Marke	Kennzeichen	Sonstiges
LKW	-	Pol 121809	
LKW	-	Pol 121891	
LKW	-	Pol 121850	
LKW	-	Pol 12197	
LKW	-	Pol 122054	
LKW 1.Bereitschaft E-Zug 4	NAG	Pol 121696	Stationiert auf der Feuerwache West
LKW 1.Bereitschaft E-Zug 4	Mercedes Benz	Pol 122028	Stationiert auf der Feuerwache West
LKW 1.Bereitschaft E-Zug 4	Borgward	Pol 121673	Stationiert auf der Feuerwache Kornmarkt
LKW 2.Bereitschaft E-Zug 4	Mercedes Benz	Pol 121683	Stationiert auf der Feuerwache West
LKW 2.Bereitschaft E-Zug 4	Chevroleth	Pol 121697	Stationiert auf der Feuerwache West
LKW 3.Bereitschaft E-Zug 4	Magirus	Pol 121808	Stationiert auf der Feuerwache Ost
LKW 3.Bereitschaft E-Zug 4	Brennabor	Pol 121795	Stationiert auf der Feuerwache Ost
LKW 4.Bereitschaft E-Zug 4	Hansa-Lloyd	Pol 121785	Stationiert auf der Feuerwache Ost
LKW 4.Bereitschaft E-Zug 4	DKW	Pol 121792	Stationiert auf der Feuerwache Ost
LKW 5.Bereitschaft E-Zug 4	Mercedes Benz	Pol 121888	Stationiert in der Unterkunft Alter Tiergarten
LKW 5.Bereitschaft E-Zug 4	NAG	Pol 121887	Stationiert in der Unterkunft Alter Tiergarten
LKW 5.Bereitschaft E-Zug 4	Opel	Pol 121889	Stationiert in der Unterkunft Alter Tiergarten
LKW 6.Bereitschaft E-Zug 4	Chevroleth	Pol 121924	Stationiert in der Unterkunft Alter Tiergarten
LKW 7.Bereitschaft E-Zug 4	Opel	Pol 122004	Stationiert beim Abschnitt West
LKW 7.Bereitschaft E-Zug 4	Mercedes Benz	Pol 122006	Stationiert beim Abschnitt West
LKW 7.Bereitschaft E-Zug 4	Opel	Pol 122007	Stationiert beim Abschnitt West
LKW 7.Bereitschaft E-Zug 4	Opel	Pol 122003	Stationiert beim Abschnitt West
LKW 8.Bereitschaft E-Zug 4	Hansa-Lloyd	Pol 122012	Stationiert beim Abschnitt West
LKW 9.Bereitschaft E-Zug 4	Opel	Pol 121906	Stationiert in der Unterkunft Alter Tiergarten
LKW Verpflegung	Opel	Pol 121804	Stationiert auf der Feuerwache Ost
Dreirad 1.Bereitschaft E-Zug 4	Goliath	Pol 121700	
Dreirad 1.Bereitschaft E-Zug 4	-	Pol 121707	
Dreirad 2.Bereitschaft E-Zug 4	Borgward	Pol 121683	
Dreirad 2.Bereitschaft E-Zug 4	Goliath	Pol 121702	
Dreirad 2.Bereitschaft E-Zug 4	Goliath	Pol 121692	
Dreirad 2.Bereitschaft E-Zug 4	Borgward	Pol 121695	
Dreirad 3.Bereitschaft E-Zug 4	Framo	Pol 121810	
Dreirad 3.Bereitschaft E-Zug 4	Goliath	Pol 121817	
Dreirad 4.Bereitschaft E-Zug 4	Tempo	Pol 121816	
Dreirad 4.Bereitschaft E-Zug 4	Goliath	Pol 121789	
Dreirad 5.Bereitschaft E-Zug 4	Goliath	Pol 121857	

Typ	Marke	Kennzeichen	Sonstiges
Dreirad 5.Bereitschaft E-Zug 4	Goliath	Pol 121858	
Dreirad 6.Bereitschaft E-Zug 4	Goliath	Pol 121957	
Dreirad 6.Bereitschaft E-Zug 4	Tempo	Pol 121964	
Dreirad 7.Bereitschaft E-Zug 4	Tempo	Pol 122005	
Dreirad 8.Bereitschaft E-Zug 4	Goliath	Pol 122008	
Dreirad 8.Bereitschaft E-Zug 4	Tempo	Pol 122009	
Dreirad 8.Bereitschaft E-Zug 4	Goliath	Pol 122010	
Dreirad 8.Bereitschaft E-Zug 4	Goliath	Pol 122011	
Krad m. Beiwagen 1.FE Bereitschaft	-	Pol 121720	Stationiert auf der Feuerwache Kornmarkt
Krad m. Beiwagen 1.FE Bereitschaft	Zündapp	Pol 121719	Stationiert auf der Feuerwache Kornmarkt
Krad m. Beiwagen 1.FE Bereitschaft	Zündapp	Pol 121717	Stationiert auf der Feuerwache Kornmarkt
Krad m. Beiwagen 1.FE Bereitschaft	Zündapp	Pol 121721	Stationiert auf der Feuerwache Kornmarkt
Krad m. Beiwagen 2.FE Bereitschaft Bereitschaftsführer	Standart	Pol 121715	Stationiert auf der Feuerwache West
Krad m. Beiwagen 2.FE Bereitschaft Melder	Viktoria	Pol 121759	Stationiert auf der Feuerwache Ost
Krad m. Beiwagen 3.FE Bereitschaft	Indian	Pol 121756	Stationiert auf der Feuerwache Ost
Krad m. Beiwagen 3.FE Bereitschaft	Ardie	Pol 121760	Stationiert auf der Feuerwache Ost
Krad m. Beiwagen 5.FE Bereitschaft	Triumph	Pol 121876	Stationiert in der Unterkunft Alter Tiergarten
Krad m. Beiwagen 6.FE Bereitschaft	Triumph	Pol 121875	Stationiert in der Unterkunft Alter Tiergarten
Krad m. Beiwagen 7.FE Bereitschaft Stab	Zündapp	Pol 121979	Stationiert auf der Feuerwache Fürth
Krad m. Beiwagen 8.FE Bereitschaft Stab	-	Pol 121981	Stationiert auf der Feuerwache Fürth
Krad m. Beiwagen 8.FE Bereitschaft Stab	-	Pol 121978	Stationiert auf der Feuerwache Fürth
Krad m. Beiwagen 9.Bereitschaft Stab	Neander	Pol 121853	Stationiert in der Unterkunft Bucher Säle
Krad m. Beiwagen Stab	Tornax 600	Pol 121852	Stationiert in der Unterkunft Alter Tiergarten
Krad m. Beiwagen Stab	Triumph	Pol 121851	Stationiert in der Unterkunft Alter Tiergarten
Krad o. Beiwagen 1.FE Abt. Stab	Viktoria	Pol 122062	Stationiert auf der Feuerwache Kornmarkt
Krad o. Beiwagen 1.FE Bereitschaft	Viktoria	Pol 122063	Stationiert auf der Feuerwache Kornmarkt

Typ	Marke	Kennzeichen	Sonstiges
Krad o. Beiwagen 1.FE Bereitschaft	Ardie	Pol 121712	Stationiert auf der Feuerwache Kornmarkt
Krad o. Beiwagen 10. FE Bereitschaft	Triumph	Pol 122066	Stationiert auf der Feuerwache West
Krad o. Beiwagen 10. FE Bereitschaft	Triumph	Pol 122067	Stationiert auf der Feuerwache West
Krad o. Beiwagen 10. FE Bereitschaft	Express	Pol 122068	Stationiert auf der Feuerwache West
Krad o. Beiwagen 2.FE Bereitschaft	Viktoria	Pol 122064	Stationiert auf der Feuerwache West
Krad o. Beiwagen 2.FE Bereitschaft	Ardie	Pol 121711	Stationiert auf der Feuerwache West
Krad o. Beiwagen 3.FE Abt. Stab	NSU	Pol 122073	
Krad o. Beiwagen 3.FE Abt. Stab	NSU	Pol 122074	
Krad o. Beiwagen 3.FE Bereitschaft	Express	Pol 122071	Stationiert auf der Feuerwache Ost
Krad o. Beiwagen 3.FE Bereitschaft	Zündapp	Pol 121757	Stationiert auf der Feuerwache Ost
Krad o. Beiwagen 4.FE Abt. Stab	Hercules	Pol 122078	Stationiert auf der Feuerwache Fürth
Krad o. Beiwagen 4.FE Abt. Stab	Tornax	Pol 122079	Stationiert auf der Feuerwache Fürth
Krad o. Beiwagen 4.FE Abt. Stab	Adler	Pol 122080	Stationiert auf der Feuerwache Fürth
Krad o. Beiwagen 4.FE Bereitschaft	NSU	Pol 122072	Stationiert in der Unterkunft Adam Kraft Schule
Krad o. Beiwagen 4.FE Bereitschaft	Ardie	Pol 121758	Stationiert in der Unterkunft Adam Kraft Schule
Krad o. Beiwagen 5.FE Bereitschaft	Viktoria	Pol 121877	Stationiert in der Unterkunft Alter Tiergarten
Krad o. Beiwagen 6.FE Bereitschaft	NSU	Pol 122075	Stationiert in der Unterkunft Alten Tiergarten
Krad o. Beiwagen 6.FE Bereitschaft	Viktoria	Pol 121972	Stationiert in der Unterkunft Alter Tiergarten
Krad o. Beiwagen 7.FE Bereitschaft	Phänomen	Pol 122081	Stationiert auf der Feuerwache Fürth
Krad o. Beiwagen 7.FE Bereitschaft	Ardie	Pol 122082	Stationiert auf der Feuerwache Fürth
Krad o. Beiwagen 8.FE Bereitschaft	Wanderer	Pol 122083	Stationiert auf der Feuerwache Fürth
Krad o. Beiwagen 8.FE Bereitschaft	-	Pol 121982	Stationiert auf der Feuerwache Fürth
Krad o. Beiwagen 9.FE Bereitschaft	Hercules	Pol 122076	Stationiert in der Unterkunft Bucher Säle
Krad o. Beiwagen 9.FE Bereitschaft	Hercules	Pol 122077	Stationiert in der Unterkunft Bucher Säle
Krad o. Beiwagen 9.FE Bereitschaft	-	Pol 121934	Stationiert auf der Feuerwache Fürth
Krad o. Beiwagen Abteilungsstab	Phänomen Ahoi	Pol 121980	Stationiert auf der Feuerwache Fürth
Krad o. Beiwagen Abteilungsstab	Viktoria	Pol 234948	Stationiert auf der Feuerwache Fürth
Krad o. Beiwagen SAK Mitte	Viktoria	Pol 122065	Stationiert beim SAK Mitte
Krad o. Beiwagen SAK Nord	Express	Pol 122069	Stationiert beim SAK Nord
Krad o. Beiwagen SAK Nord	Express	Pol 122070	Stationiert beim SAK Nord
PKW	Chrysler	Pol 121992	Stationiert beim Abschnitt West
PKW 1.Bereitschaft	BMW	Pol 121670	Stationiert auf der Feuerwache West
PKW 1.Bereitschaft	Opel	Pol 121667	Stationiert auf der Feuerwache West
PKW 1.Bereitschaft	Opel	Pol 121662	Stationiert auf der Feuerwache Kornmarkt
PKW 2.Bereitschaft	Adler	Pol 121663	Stationiert auf der Feuerwache West

Typ	Marke	Kennzeichen	Sonstiges
PKW 3.Bereitschaft	-	Pol 121754	Stationiert auf der Feuerwache Ost
PKW 4.Bereitschaft	Opel	Pol 121741	Stationiert in der Unterkunft Adam Kraft Schule
PKW 5.Bereitschaft Stab	Opel	Pol 121854	Stationiert in der Unterkunft Alter Tiergarten
PKW 6.Bereitschaft	Opel	Pol 121911	Stationiert in der Unterkunft Alter Tiergarten
PKW 8.Bereitschaft Stab	Horch	Pol 121993	Stationiert beim Abschnitt West
PKW 9.Bereitschaft	-	Pol 121880	Stationiert in der Unterkunft Alter Tiergarten
PKW Gasinst. Trupp	Adler	Pol 121740	Stationiert auf der Feuerwache Ost
PKW Stab	DKW	Pol 121855	Stationiert in der Unterkunft Alter Tiergarten
PKW Stab	Tatra	Pol 121902	Stationiert in der Unterkunft Alter Tiergarten
PKW Stab	Opel	Pol 121991	Stationiert beim Abschnitt West
Sirenen PKW	Opel	Pol 121971	Stationiert in der Unterkunft Alter Tiergarten
Sirenen PKW	Opel	Pol 121974	Stationiert in der Unterkunft Alter Tiergarten
Sirenen PKW	Opel	Pol 121973	Stationiert in der Unterkunft Alter Tiergarten
Sirenen PKW Abschnitt Mitte	Opel	Pol 121729	Stationiert auf der Feuerwache West
Sirenen PKW Abschnitt Mitte	Opel	Pol 121737	Stationiert auf der Feuerwache West
Sirenen PKW Abschnitt Nord	Opel	Pol 121766	Stationiert auf der Feuerwache West
Sirenen PKW Abschnitt Nord	Opel	Pol 50381	Stationiert auf der Feuerwache Ost
Sirenen PKW Abschnitt West	Opel	Pol 122047	Stationiert auf der Feuerwache Fürth
Sirenen PKW Abschnitt West	Opel	Pol 50382	Stationiert auf der Feuerwache Fürth

Die mechanische Leiter Nr. 3 vor der stark beschädigten Feuerwache Ost (August 1944)

Kraftfahrleiter 26 (KL 26), ab 1943 DL 26

KL 26 - DL 26

Kennzeichen: s.u.

Baujahr:
Zulassung:
In Dienst:

Fahrzeughersteller:
Daimler Benz LoD 3750

Aufbauhersteller:
Carl Metz, Karlsruhe

Stationiert:
Funkrufname:

Motor: 6 Zyl. Reihe OM 67/3
Leistung: 100 PS
Hubraum: 7270 ccm
Drehzahl: 2000

Farbe: Tannengrün

Länge: 8700 mm
Höhe: 2800 mm
Breite: 2000 mm
Radstand:

Eigengewicht: 8500 kg
Gesamtgewicht:10000 kg

Leiterlänge: 26 Meter

Nummer	Kennzeichen	Baujahr	Stationiert
DL 26 : KL 26 - 211 verbleib nach 1945 unbekannt	WL 73286	1935	-
DL 26 : KL 26 - 212 verbleib nach 1945 unbekannt	Pol 122046, WL 18194	1935	-
DL 26 : KL 26 - 213 verbleib nach 1945 unbekannt	WL 73220	1935	-
DL 26 : KL 26 - 245 Außer Dienst: 22.01.1940	WL 69189	1936	-
DL 26 : KL 26 - 246 verbleib nach 1945 unbekannt	WL 48124	1935	-

KL 46 - DL 46

Kennzeichen: Pol 121864
WL 103802

Baujahr: 1939
Zulassung:
In Dienst: 28.07.1939

Fahrzeughersteller:
Daimler Benz LD 6500

Aufbauhersteller:
Carl Metz, Karlsruhe

Stationiert:
Alter Tiergarten

Motor: 6 Zyl. Diesel OM 54
Leistung: 150 PS
Hubraum: 12520 ccm
Drehzahl:

Farbe: Tannengrün

Länge: 10900 mm
Höhe: 3300 mm
Breite: 2440 mm
Radstand: 5100 mm

Eigengewicht:
Gesamtgewicht:14000 kg

Leiterlänge: 46 Meter

Am 24.11.1945 abgegeben an die Berufsfeuerwehr Stuttgart

Mit Vollzug des Luftschutzgesetzes von 1935 begann das Misterium für Luftfahrt mit der personellen und materiellen Ausstattung des Sicherheits- und Hilfsdienstes. Bei den Konzepten der Luftwaffe zur Fahrzeugausstattung, wurde ein anderer Weg gewählt als beim für die Feuerwehren zuständigen Minsterium des Inneren. Das Luftfahrtministerium legte für Löschfahrzeuge drei Gewichtsklassen fest.

In der untersten Gewichtsklasse bis 1,5 Tonnen wurden zuerst die Kraftzugspritzen (KzS 8) favorisiert.

Die KzS 8 konnten nur als Gespann verwendet werden, da die Tragkraftspritze Aufgrund der maximalen Zuladung in einem Hänger mitgeführt werden musste. Die Mannschaft saß dabei im Freien. Zum Schutz der Mannschaft statteten einige Feuerwehren ihre KzS mit Stoffdächern aus.

KzS 8

Kennzeichen: s.u.

Baujahr:
Zulassung:
In Dienst:

Fahrzeughersteller:
Adam Opel AG
Werk Brandenburg

Aufbauhersteller:

Stationiert:
Funkrufname:

Motor: 6 Zyl. Benzin
Typ 20-12-10
Leistung: 36 PS / 53 PS
Hubraum: 1920 ccm
Drehzahl:

Farbe: Tannengrün

Länge: 4770 mm
Höhe: 1940 mm
Breite: 1980 mm
Radstand:

Eigengewicht: 1750 kg
Gesamtgewicht: 2700 kg

Sonstiges:

Die folgenden Aufstellung zeigt die durch den Sicherheits- und Hilfsdienst beschafften Fahrzeuge, die nach 1945 abgegeben wurden.

Nummer	Kennzeichen	Baujahr	Stationiert	Anhänger
KzS 8 - 263	WL 103619	1937	-	TSA 104
21.08.1940 abgegeben nach Regensburg				
KzS 8 - 264	WL 66529	1937	-	TSA 106
21.08.1940 abgegeben nach Regensburg				
KzS 8 - 265	Pol 121724	1937	-	TSA 107
Verbleib ungewiss, letzter Eintrag Fahrtenbuch 1943				
KzS 8 - 266	Pol 121725 WL 93494	1937	10/3	TSA 108
Verbleib ungewiss, letzter Eintrag Fahrtenbuch 1943				
KzS 8 - 268	Pol 121727 WL 129325	1937	2/3	TSA 109
Verbleib ungewiss, letzter Eintrag Fahrtenbuch 1943				

Nummer	Kennzeichen	Baujahr	Stationiert	Anhänger
KzS 8 - 269	WL 136314	1937	-	TSA 112
21.08.1940 abgegeben nach Regensburg				
KzS 8 - 270	WL 121402	1937	FW 1	TSA 113
Verbleib ungewiss, letzter Eintrag Fahrtenbuch 1943				
KzS 8 - 271	Pol 121865			
	WL 112352	1937	9/3 FW 2	TSA 120
Ausgemustert nach Verkehrsunfall am 29.08.1944				
KzS 8 - 273	Pol 121769			
	WL 129220	1937	4/3	TSA 115
1945 abgegeben				
KzS 8 - 274	Pol 121770			
	WL 127213	1937	4/3	TSA 118
1945 abgegeben				
KzS 8 - 275	Pol 121867			
	WL 121156	1937	5/3	TSA 116
1945 abgegeben				
KzS 8 - 276	Pol 121861			
	WL 66145	1937	5/3	TSA 105
1945 abgegeben				

Nummer	Kennzeichen	Baujahr	Stationiert	Anhänger
KzS 8 - 277	Pol 121860 WL 50133	1937	6/3	TSA 119
1945 abgegeben				
KzS 8 - 278	Pol 121863 WL 79137	1937	6/3	TSA 110
1945 abgegeben				
KzS 8 - 279	Pol 122037 WL 129014	1937	7/3	TSA 114
1945 abgegeben				
KzS 8 - 280	Pol 122038 WL 136035	1937	7/3	TSA 101
1945 abgegeben				
KzS 8 - 281	Pol 122039 WL 42900	1937	8/3	TSA 102
1945 abgegeben				
KzS 8 - 282	Pol 122040 WL 48806	1937	8/3	TSA 103
1945 abgegeben				

Nummer	Kennzeichen	Baujahr	Stationiert	Anhänger
KzS 8 - 859	Pol 121862			
	WL 73761	1939	9/3	-
1945 abgegeben				
KzS 8 - 860	Pol 121767			
	WL 37724	1939	9/3	
1945 abgegeben				
KzS 8 - 897	?	?	?	
1945 abgegeben				
KzS 8 - 898	?	?	?	
1945 abgegeben				

Kraftzugspritzen, die 1945 von der Berufsfeuerwehr übernommen wurden:

Nummer	Kennzeichen	Baujahr	Stationiert	Anhänger
KzS 8 - 265	Pol 121862			
	WL 73761	1937	10/3	TSA 107
1945 übernommen, 1952 zum Kahntransportanhänger umgebaut				
KzS 8 - 267	Pol 121726			
	WL 103473			
	IIN 26134			
	BY 699433			
	AB 777 805	1937	2/3	TSA 117
1945 übernommen, ab 1947 FF Gartenstadt (Verkauft 1953)				
KzS 8 - 272	Pol 121768			
	WL 136238			
	BY 699454			
	AB 777 804	1937	3/3	TSA 111
ab 1945 FF Zabo, ab 1953 Waldbrandfahrzeug der FW 1 (Verkauft 1957)				

Die Löschfahrzeuge mit 1,5 Tonnen Nutzlast wurden vom Luftschutzministerium als Kraftfahrspritze 8 (KS 8) bezeichnet. Im Bereich der Feuerwehr trugen diese Fahrzeuge die Bezeichnung Leichtes Löschgruppenfahrzeug (LLG). Ab 1943 wurden diese Fahrzeugtypen einheitlich als Löschgruppenfahrzeug 8 (LF 8) bezeichnet.

LLG

Kennzeichen: s.u.

Baujahr:
Zulassung:
In Dienst:

Fahrzeughersteller:
Daimler Benz L 1500 S (F)

Aufbauhersteller:
Carl Metz, Karlsruhe

Stationiert:
Funkrufname:

Motor: 6 Zyl. Benzin
Leistung: 60 PS
Hubraum: 2594 ccm
Drehzahl:

Farbe: Tannengrün
ab 1945 RAL 3000

Länge: 5560 mm
Höhe: 2460 mm
Breite: 1900 mm
Radstand:

Eigengewicht: 2450 kg
Gesamtgewicht: 3900 kg

Sonstiges:

Pumpe: TS 8/8

Die folgende Aufstellung zeigt die von der Feuerschutzpolizei Nürnberg beschafften Fahrzeuge, die nach 1945 in den Bestand der Berufsfeuerwehr Nürnberg übergingen:

Nummer	Kennzeichen	Baujahr	Anhänger	außer Dienst
LLG / LF 8 43-7	N - 2586 AB 777 806 Pol 11597 BY 699470	1943	TSA	1969
ab 1943 FF Eibach, ab 1950 FF Mühlhof				
LLG / LF 8 43-5	N – 2583 AB 777 801 IIN 26177 Pol 11595 BY 699466	1943	TSA	1969
ab 1946 FF Gerasmühle EHF, ab 1953 FF Zabo, ab 1961 FF Kleinreuth, ab 1964 FF Almoshof				
LLG Gartenstadt	Pol 11593	1943	TSA	1945
durch Kriegseinwirkung verloren				
LLG / LF 8	Pol ?	1943	TSA	1945
durch Kriegseinwirkung verloren				
LLG / LF 8	Pol ?	1943	TSA	1945
durch Kriegseinwirkung verloren				

Nummer	Kennzeichen	Baujahr	Anhänger	außer Dienst
LLG / LF 8	Pol ?	1943	TSA	19??
durch Kriegseinwirkung zuerst verloren, 1953 an BF zückgegeben				
LLG / LF 8	Pol ?	1943	TSA	1945
durch Kriegseinwirkung verloren				
LLG / LF 8 43-8	N - 2585 AB 777 814 IIN 26178 Pol 11598 BY 699468	1943	TSA	1970
ab 1945 Störwagen bei Abt - N, ab 1950 FF Eibach				
LLG / LF 8	N - 2582 AB 777 615	1941	TSA	1969
ab 1945 Störtruppwagen städt. Werke (Gaswerk 1), ab 1951 FF Buchenbühl, ab 1959 FF Straßenholz				

Nummer	Kennzeichen	Baujahr	Anhänger	außer Dienst
LLG / LF 8	N - 2584 AB 777 623 Pol 11595	1942	TSA	1969

ab 1945 Störtruppwagen städt. Werke (Gaswerk 2), ab 1951 FF Gartenstadt

Nummer	Kennzeichen	Baujahr	Anhänger	außer Dienst
LLG Laufamholz	N – 2587 AB 777 796 Pol 11594 AB 49 7083	1943	TSA	1970

1945 verschollen, 1950 in München aufgefunden, ab 1952 FF Buchenbühl, ab 1954 FF Höfen

Nummer	Kennzeichen	Baujahr	Anhänger	außer Dienst
LLG / LF 8	N - 2581 AB 777 802 IIN 26171 BY 699467	1943	TSA	1969

ab 1945 Überlandhilfslöschfahrzeug, ab 1950 FF Buch

Bild 173
Löschfahrzeug 8 (LF 8) und angehängter Tragkraftspritzenanhänger mit Tragkraftspritze

Löschfahrzeug 8 (LF 8)

Beschreibung:

Das LF 8 besteht aus dem Kraftfahrzeug und dem Tragkraftspritzenanhänger (TSA) mit Tragkraftspritze (TS 8).

A. Kraftfahrzeug:

Nenngröße des Fahrgestells: 1—3 t.

Motorstärke: 60 PS.

Besatzung: eine Löschgruppe.

Bestückung: Löschgerät, Hilfsgerät, Werkzeug, Beleuchtungsgerät, Verschiedenes, Gasspür- und Entgiftungsgerät.

Fahrzeuglänge: 5,35 m.

Höhe: 2,40 m.

Breite: 1,90 m.

Pumpe: 800 l/min.

Feuerwehrtechnische Ausrüstung

Löschfahrzeug 8 (LF 8)

Benennung	Stück	Bezeichnung
A. Kraftfahrzeug		
1. Löschgerät		
B-Schlauch, 20 m	2	DIN 14106
C-Schlauch, 15 m	18	DIN 14106
Rollschlauchriemen für C-Schlauch	2	DIN 14358
Rückentrage für 3 C-Schläuche	4	—
Kübelspritze, 10 l, mit D-Schlauch (5 m) und Strahlrohr	1	DIN 14030
Handfeuerlöscher (Trockenlöscher), 6 kg	1	DIN 14032
B-Strahlrohr	1	DIN 14050
C-Strahlrohr	3	DIN 14040
Verteilungsstück mit		DIN 14360 mit
B:C-Übergangsstück	2	DIN 14316
B:C-Übergangsstück	1	DIN 14316
Kupplungsschlüssel	2	DIN 14340
Segeltuchbeutel für Schlauchbinden	1	—
Schlauchbinde, 2B, 4C	6	DIN 14108
2. Hilfsgerät		
Segeltuchbeutel für Bindestricke	1	—
Bindestrick, etwa 2 m	6	—
Drahtseil (Schleppseil), 5 m, 16 mm ⌀, gespleißt, mit Kauschen an beiden Enden	1	—
Schäkel	2	3A HNA Lg 101
Segeltucheimer	1	U 306
Sauerstoffschutzgerät (Heeresatmer)	3	—
Ersatzkasten für Sauerstoffschutzgerät mit:	1	DIN 14408
Alkalipatrone, 7 × 14	3	—
Satz Dichtringe, passend zum Heeresatmer	5	—
Ersatzverschlußdeckel für Ausatemventil d. Gasmaske	3	—
Sauerstoffflasche, 1 l	3	DIN 3171
Satz Werkzeug, passend zum Heeresatmer	1	—
Filtereinsatzkasten mit	1	DIN 14409
Filtereinsatz FE 41	6	—
Krankentrage, zusammenklappbar	1	FANOK 25
Sanitätskasten	1	DIN 14404
Einreißhaken mit 2teiligem Stiel	1	DIN 14450
Steckleiter, 4teilig	1	DIN 14170
Zahnstangenwinde, 5 t	1	U 1687
3. Werkzeug		
Armeespaten, kurz	1	—
Piassavabesen mit Stiel	1	U 7 mit U 16
Brechstange, flach, 700 mm	1	R 9 1841
Dunggabel	2	R 2983
Drahtschere mit isolierten Griffen	1	—
Feuerwehraxt	3	DIN 14460

Schwere Löschgruppenfahrzeuge (SLG), ab 1943 LF 15

Die Löschfahrzeuge mit 3 Tonnen Nutzlast wurden vom Luftschutzministerium als Kraftspritzen 15 bezeichnet. Im Bereich der Feuerwehr trugen diese Fahrzeuge die Bezeichnung Schweres Löschgruppenfahrzeug (SLG). Ab 1943 wurden diese Fahrzeugtypen einheitlich als Löschgruppenfahrzeug 15 (LF 15) bezeichnet.

SLG

Fahrzeughersteller:
Daimler Benz L 3000

Aufbauhersteller:
Carl Metz, Karlsruhe

Stationiert:
Funkrufname:

Motor: 4 Zyl. Reihe Diesel OM 65/4
Leistung: 65 PS
Hubraum: 4950 ccm
Drehzahl: 2000

Farbe: Tannengrün

Länge: 6255 mm
Höhe: 2600 mm
Breite: 2350 mm
Radstand: 3800 mm

Eigengewicht:
Gesamtgewicht:

Sonstiges:

Pumpe: 2000 l/min
Löschwasser: 400 l ?

SLG

Fahrzeughersteller:
Daimler Benz LoD 3500

Aufbauhersteller:
Carl Metz, Karlsruhe

Stationiert:
Funkrufname:

Motor: 6 Zyl. Diesel OM/67
Leistung: 95 PS
Hubraum: 7360 ccm
Drohzahl: 2000

Farbe: Tannengrün

Länge: 8000 mm
Höhe: 2700 mm
Breite: 2170 mm
Radstand:

Eigengewicht: 6200 kg
Gesamtgewicht: 9000 kg

Sonstiges:

Pumpe: 1500 l/min
Löschwasser: 400 l ?

SLG (Daimler - Benz), die durch den Sicherheits- und Hilfsdienst beschafft und nach 1945 abgegeben wurden:

Nummer	Kennzeichen	Baujahr	Stationiert	Typ
KS 15 - 054	WL 33738	1935	-	Lo 3000
nach Regensburg abgegeben				
KS 15 - 055	Pol 121723			
	WL 39690	1935	6/1	Lo 3000
KS 15 - 056	Pol 121773			
	WL 37631	1935	6/2	Lo 3000

SLG

Kennzeichen:

Baujahr:
Zulassung:
In Dienst:

Fahrzeughersteller:
Klöckner-Humboldt-Deutz
S 3000

Aufbauhersteller:
KHD, Ulm

Stationiert:
Funkrufname:

Motor: 4 Zyl. Diesel
Leistung: 80 PS
Hubraum: 4942 ccm
Drehzahl:

Farbe: Tannengrün
nach 1945 RAL 47
Weinrot

Länge: 7700 mm
Höhe: 2700 mm
Breite: 2250 mm
Radstand:

Eigengewicht: 4800 kg
Gesamtgewicht: 7150 kg

Sonstiges:

Pumpe: 1500 l / min
Löschwasser: 400 l

SGL, die durch den Sicherheits- und Hilfsdienst beschafft wurden und 1945 in den Bestand der Berufsfeuerwehr Nürnberg übergingen:

Nummer	Kennzeichen	Baujahr	Stationiert	Typ
KS 15	N - 2592 AB 777 783 IIN 26183 BY 699420	1941	FW 1	Magirus S 3000

ab 1945 FW 1 Zug 2, ab 1955 FF Lichtenhof (Verkauft 1968)

Nummer	Kennzeichen	Baujahr	Stationiert	Typ
KS 15	N - 2591 AB 777 815 IIN 26120 BY 699434	1941	-	Magirus S 3000

ab 1945 Störungswagen für die Nachrichtenabteilung, ab 1950 FF Laufamholz (Verkauft 1966)

Nummer	Kennzeichen	Baujahr	Stationiert	Typ
KS 15	N - 2593 AB 777 803 IIN 26179 BY699469	1941	-	Magirus S 3000

1945 übernommen, ab 1946 FF Werderau (Verkauft 1971)

In der Planung der Luftfahrtministerium wurden die Löschgruppenfahrzeuge mit einer Nutzlast von 4,5 Tonnen als Kraftspritzen 25 bezeichnet. Die Fahrzeuge der Feuerwehr in dieser Gewichtsklasse wurden beim Ministerium des Inneren als Große Löschgruppenfahrzeuge (GLG) geführt. Ab 1943 wurde die Fahrzeuge einheitlich als LF 25 bezeichnet.

GLG

Fahrzeughersteller:
Daimler Benz L 3750

Aufbauhersteller:
KHD, Ulm

Stationiert:
Funkrufname:

Motor: 6 Zyl. Diesel OM 67 /3
Leistung: 120 PS
Hubraum: 7274 ccm
Drehzahl:

Farbe: Tannengrün

Länge: 8455 mm
Höhe: 2800 mm
Breite: 2350 mm
Radstand:

Eigengewicht: 6900 kg
Gesamtgewicht: 10960 kg

Sonstiges:

Pumpe: 2500 l/min
Löschwasser: 1500 l

GLG

Fahrzeughersteller:
Daimler Benz L 4500 SC

Aufbauhersteller:
KHD, Ulm

Stationiert:
Funkrufname:

Motor: 6 Zyl.Diesel OM 67 /4
Leistung: 125 PS
Hubraum: 7274 ccm
Drehzahl:

Farbe: Tannengrün

Länge: 8455 mm
Höhe: 2800 mm
Breite: 2350 mm
Radstand:

Eigengewicht: 6900 kg
Gesamtgewicht: 10960 kg

Sonstiges:

Pumpe: 2500 l / min
Löschwasser: 1500 l

GLG (Daimler- Benz), die 1945 abgegeben wurden:

Nummer	Kennzeichen	Baujahr	Stationiert	Typ
KS 25 - 146	Pol 122043			
	FÜ - 2045	1942	8/2	-
nach 1945 abgegeben an die Berufsfeuerwehr Fürth				
KS 25 - 151	Pol 121771			
	WL 33541	1936	4/1	-
verbleib nach 1945 unbekannt				

Nummer	Kennzeichen	Baujahr	Stationiert	Typ
KS 25 - 152	Pol 121772			
	WL 37518	1936	4/1	-
verbleib nach 1945 unbekannt				
KS 25 - 153	WL 39494	1936	SHD	-
verbleib noch 1945 unbekannt				
KS 25 - 154	Pol 122042			
	WL 18179	1936	8/1	-
verbleib nach 1945 unbekannt				
KS 25 - 155	Pol 122041			
	WL 64268	1936	8/1	-
verbleib nach 1945 unbekannt				
KS 25 - 168	Pol 122044			
	FÜ - 2044	1942	8/2	-
nach 1945 abgegeben an die Berufsfeuerwehr Fürth				
KS 25 - 609	Pol 121918	1942	6/1 SA - Lager	-
verbleib nach 1945 unbekannt				
KS 25 - 610	Pol 121899	1942	6/2 SA - Lager	-
verbleib nach 1945 unbekannt				
KS 25 - 758	Pol 121728			
	WL 241008	1940	5/1	LD 3750
verbleib nach 1945 unbekannt				
KS 25 - 759	Pol 121879			
	WL 296077	1941	5/1	LD 3750
verbleib nach 1945 unbekannt				
KS 25 - 1235	Pol 121908	1941	9/1	LD 3750
verbleib nach 1945 unbekannt				
KS 25 - 1236	Pol 121912	1942	9/1	LD 3750
verbleib nach 1945 unbekannt				
KS 25 - 1237	Pol 121947	1942	9/2	LD 3750
verbleib nach 1945 unbekannt				
KS 25 - 1238	Pol 121921	1942	9/2	LD 3750
verbleib nach 1945 unbekannt				
KS 25 - 1338	Pol 121734	1942	10/2 FW 1	L 4500 SC (F)
verbleib nach 1945 unbekannt				

Nummer	Kennzeichen	Baujahr	Stationiert	Typ
KS 25 - 1339	Pol 121735	1942	10/2 FW 1	L 4500 SC (F)
verbleib nach 1945 unbekannt				
KS 25 - 1434	Pol 12204	1942	7/2	L 4500 SC (F)
verbleib nach 1945 unbekannt				

GLG (Daimler - Benz), die 1945 von der Berufsfeuerwehr Nürnberg übernommen wurden:

Nummer	Kennzeichen	Baujahr	Stationiert	Typ
KS 25 - 1335	N - 2603 AB 777 789 Pol 121732 BY 699409	1941	-	L 4500 SC (F)
ab 1945 KS - 3, ab 1950 LF 25 - 3, ab 1951 LF 25/25 - 4, ab 1956 TLF 25/25 - 4 ab 1957 FF Buchenbühl (Verkauft 1968)				
KS 25 - 1336	N - 2620 AB 777 816 Pol 121731 BY 699424	1941	-	L 4500 SC (F)
ab 1947 Stöw - N 2, ab 1951 LKW - N 1, ab 1952 LKW - N 2 (Verkauft 1965)				

GLG

Fahrzeughersteller: Klöckner-Humboldt-Deutz FS 145

Aufbauhersteller: KHD, Ulm

Stationiert
Funkrufname

Motor: 6 Zyl. Diesel
Leistung: 125 PS
Hubraum: 9123 ccm
Drehzahl:

Farbe: Tannengrün ab 1945 RAL 3000

Länge: 8700 mm
Höhe: 2700 mm
Breite: 2200 mm
Radstand:

Eigengewicht: 6230 kg
Gesamtgewicht: 9900 kg

Sonstiges:

Pumpe: 2500 l / min
Löschwasser: 1500 l

GLG (KHD), die 1945 abgegeben wurden:

Nummer	Kennzeichen	Baujahr	Stationiert	Typ
KS 25 - 1012	Pol 122055	1942	3/2 FW 2	FS 145
Motor in KS - 25 - 1068 eingebaut				
KS 25 - 1013	Pol 122056	1942	3/2 FW 2	FS 145
verbleib noch 1945 unbekannt				

Nummer	Kennzeichen	Baujahr	Stationiert	Typ
KS 25 - 1031	Pol 122057	1942	4/2	FS 145
verbleib noch 1945 unbekannt				
KS 25 - 1032	Pol 122058	1942	4/2	FS 145
verbleib noch 1945 unbekannt				
KS 25 - 1065	Pol 121736			
	WL 176284	1940	1/2 Kornmarkt	FS 145
verbleib noch 1945 unbekannt				
KS 25 - 1066	Pol 121733	1941	1/2 Kornmarkt	FS 145
verbleib noch 1945 unbekannt				
KS 25 - 1067	Pol 121730			
	IIN 146268	1940	2/2 FW 1	FS 145
verbleib noch 1945 unbekannt				
KS 25 - 1069	Pol 121956	1941	5/2 SA - Lager	FS 145
verbleib noch 1945 unbekannt				

GLG (KHD), die 1945 von der Berufsfeuerwehr Nürnberg übernommen wurden.

Nummer	Kennzeichen	Baujahr	Stationiert	Typ
KS 25 - 1068	N - 2613			
	AB 777 795			
	IIN 239316			
	Pol 121738			
	BY 699445	1940	-	FS 145
1947 Umbau zum Rüstwagen 2,1950 Umbau zum Rüstkraftwagen 2, 1955 Rüstwagen - Wasserrettung, siehe Seite 145 (Verkauft 1962)				
KS 25 - 808	N - 2594			
	AB 777 785			
	IIN 26174			
	Pol 121919			
	BY 699438	1940	-	FS 145
ab 1945 KS - 2, ab 1950 LF 25 - 2, ab 1960 FF Almoshof (Verkauft 1965)				

In der Planung der Luftfahrtministerium wurden Schlauchwagen in zwei Gewichtsklassen eingeteilt. Nutzlast 3 Tonnen und Nutzlast 4,5 Tonnen. Im Bereich der Feuerwehr trugen diese Fahrzeuge die Bezeichnung Schwerer Schlauchkraftwagen (SSK) und Großer Schlauchkraftwagen (GSK). Ab 1943 wurden diese Fahrzeuge einheitlich als Schlauchwagen 3 (S 3) bzw. Schlauchwagen 4,5 (S 4,5) bezeichnet.

Schlw-049

Kennzeichen: Pol 122059 Farbe:

Baujahr: 1936
Zulassung: 09.1936
In Dienst:

Länge: 7200 mm
Höhe: 2700 mm
Breite: 2200 mm
Radstand:

Fahrzeughersteller:
Daimler Benz

Eigengewicht: 5835 kg
Gesamtgewicht: 9000 kg

Aufbauhersteller:
Carl Metz, Karlsruhe

Sonstiges:

Stationiert: ?

Verbleib nach 1945 unbekannt

Motor:
Leistung: 95 PS
Hubraum: 7360 ccm
Drehzahl:

Schlw-054

Kennzeichen: Pol 121774 Farbe:
WL 1067

Baujahr: 1938
Zulassung:
In Dienst: 27.01.1939

Länge: 7860 mm
Höhe: 2350 mm
Breite: 3345 mm
Radstand: 3345 mm

Fahrzeughersteller:
Daimler Benz L 4500 S

Eigengewicht: 4930 kg
Gesamtgewicht: 9000 kg

Aufbauhersteller:
Carl Metz, Karlsruhe

Sonstiges:

Stationiert auf FW 2

Beim Luftangriff vom 30.03.1944 schwer beschädigt und zu Daimler Benz gebracht.

Motor: 6 Zyl. Diesel
Leistung: 112 PS
Hubraum: 7271 ccm
Drehzahl: 2250

Danach verliert sich die Spur des Fahrzeuges

Vom Schlw - 055 ist nur das Kennzeichen (WL 64040) bekannt, weitere Angaben gingen verloren.

Schlw-44

Kennzeichen: N - 2609
AB 777 798
IIN 26127
Pol 122060
BY 699448

Farbe: Grau

Länge: 7800 mm
Höhe: 2750 mm
Breite: 2200 mm
Radstand:

Baujahr: 1938
Zulassung: 29.09.1942
In Dienst: BF 01.1946
Außer Dienst: 12.1965

Eigengewicht: 6695 kg
Gesamtgewicht: 9000 kg

Pumpe: TS-8 AMAG

Fahrzeughersteller:
Daimler Benz L 4500 S

Aufbauhersteller:
Carl Metz, Karlsruhe

Motor: 6 Zyl. Diesel
Leistung: 112 PS
Hubraum: 7274 ccm
Drehzahl: 2250

Sonstiges:
1945 v. RLM übernommen
FW 1
ab 1959 FW 2
ab 1961 oder 62 FW 1

Schlw-1

Kennzeichen: Pol 122059 Farbe:

Baujahr: 1936
Zulassung: 09.1936
In Dienst:
Außer Dienst: ?

Länge: 8000 mm
Höhe: 2520 mm
Breite: 2100 mm
Radstand:

Fahrzeughersteller:
Daimler Benz

Eigengewicht: 6470 kg
Gesamtgewicht: 9000 kg

Aufbauhersteller:
Carl Metz, Karlsruhe

Stationiert auf 7
Funkrufname:

Motor: 6 Zyl. Diesel
Leistung: 95 PS
Hubraum: 7360 ccm
Drehzahl:

Sonstiges:
1945 v. RLM übernommen
FW 1

Schlw 3/4

Kennzeichen: Pol 122438 Farbe:

Baujahr: 1944
Zulassung: 07.1944
In Dienst:
Außer Dienst:

Länge: 6400 mm
Höhe: 2500 mm
Breite: 2400 mm
Radstand:

Fahrzeughersteller:
Opel-Blitz 3 to 6-36

Eigengewicht: 3250 kg
Gesamtgewicht: 5800 kg

Aufbauhersteller:
Carl Metz, Karlsruhe

Stationiert auf FW 1

Motor: 6 Zyl. Otto
Leistung: 73,5 PS
Hubraum: 3626 ccm
Drehzahl:

Sonstiges:

Verbleib nach 1945 unbekannt

Einleitung Fahrzeuge für die Reichsparteitage

In der nationalsozialistischen Ideologie spielte Nürnberg eine große Rolle. Nürnberg, das „Schatzkästchen des Deutschen Reiches" mit seiner hervorgehobenen Stellung durch die „Goldene Bulle" und ihre traktionsreiche Geschichte als „Freie Reichsstadt" und „Stadt der Reichstage" nutzten die nationalsozialistischen Machthaber zur Glorifizierung ihre Macht.

Den ersten kleinen Parteitagen in Nürnberg auf dem Luitpoldhain 1927 (3.) und 1929 (4.) folgten von 1933 – 1938 die großen Parteitage auf dem Reichsparteitagsgelände. Für die Durchführung der Parteitage und die Planung sowie den Bau des Parteitagsgeländes wurde 1935 eigens der Zweckverband Reichsparteitag gegründet. Mitglieder des Zweckverbandes waren die NSDAP, das Reich, das Land Bayern und die Stadt Nürnberg. Die Geschichte der nationalsozialistischen Herrschaft, der Reichsparteitage und des gesamten Reichsparteitagsgeländes können sie im Dokumentationszentrum Reichsparteitagsgelände nachlesen.

Für die Aufmärsche und Vorführungen der Wehrmacht am Zeppelinfeld (300m x 400m), Märzfeld (bis 1945 unvollendet) und zur Sicherstellung des Brandschutzes während der Reichsparteitage wurden 1938 spezielle Löschfahrzeuge beschafft. Nachdem die Fahrzeuge auch im schweren Gelände eingesetzt werden sollten, fertigte die Firma Metz nach Vorgaben der Nürnberger Feuerwehr ein Spezialfahrzeug auf Mercedes-Benz LG 3000 und zwei auf LSG 3000 Fahrgestellen. Das Dreiachsfahrgestell dieser Baureihe verfügte über zwei angetriebene Hinterachsen und war voll geländetauglich bis zu einer Steigung von 34 Prozent und einer Wassertiefe bis 60 cm. Das Fünfgang-Schaltgetriebe ermöglichte eine Höchstgeschwindigkeit von 53 km/h; mit einem Schnellgang konnte eine Geschwindigkeit von 80 km/h erreicht werden. Die Fahrgestelle dieser Bauart (ca. 7500 Stück) wurden vorwiegend für Fahrzeuge der Luftwaffe verwendet.

Als Führungsfahrzeuge wurden ein Kommandowagen und ein Funkwagen (ohne Funk, konnte nicht geliefert werden, jedoch mit Lautsprecheranlage) auf geländegängigen Mercedes-Benz G5 4x4 Fahrgestellen angeschafft.

Für den Mannschafts- und Materialtransport wurden drei einfache Zündapp und ein Opel-Blitz LKW als sogenannte Stoßtruppwagen angeschafft.

Nachdem die bestellen Fahrzeuge 1938 für die Richard Wagner Festspiele in Bayreuth nicht ausgeliefert werden konnten, wurden die CO_2 Kraftfahrspritze und die Tankfahrspritze für die Festspielzeit kurzzeitig nach Bayreuth abgestellt.

In Verwaltung für den Zweckverband Reichsparteitag Nürnberg (ZRN) standen bei der Feuerwehr Nürnberg (ab 3. Oktober 1939 Feuerschutzpolizei) folgende Fahrzeuge: eine Tankfahrspritze (abgegeben zum Kriegseinsatz 1942, nach 1945 vermutlich nach Salzburg), eine CO_2 Kraftfahrspritze (1945 verschollen), ein Schlauchwagen (1945 stark beschädigt an die Deutsche Bahn abgegeben), drei Stoßtruppwagen (1945 verschollen), ein Kommandowagen (1945 an die Berufsfeuerwehr Nürnberg übergeben, stationiert auf FW 2), ein Funkwagen (1945 an die Berufsfeuerwehr Nürnberg übergeben, stationiert auf FW 1), ein Krad (1945 verschollen).

Fahrzeuge für die Reichsparteitage

Kommandowagen

Kennzeichen: N - 2579
AB 777451
IIN-18976
Pol-11562
BY-699404

Baujahr: 1938
In Dienst: 17.08.1938
Außer Dienst: 1960

Fahrzeughersteller:
Daimler Benz G5 4x4

Aufbauhersteller:
Friedrich Minnameier

Motor: 4 Zyl. Reihe
DB M149 II
Leistung: 48 PS
Hubraum: 1992 ccm
Drehzahl :

Farbe:

Länge: 4050 mm
Höhe: 1900 mm
Breite: 1750 mm
Radstand: 2530 mm

Eigengewicht: 1640 kg
Gesamtgewicht: 2010 kg

Kosten: 9.000,- RM
Sonstiges:
ab 1948 Glw - 1 für
Waldbrandsondereinsatz
ab 1952 auf FW 2
Geländewagen Glw - 2

Vierradantrieb
Vierradlenkung
offene Ausführung

Funkwagen

Kennzeichen: N - 2578
AB 777453
IIN-18991
Pol-11563
BY-699405

Baujahr: 1939
In Dienst: 30.08.1939
Außer Dienst: 1960

Fahrzeughersteller:
Daimler Benz G5 4x4

Aufbauhersteller:
Friedrich Minnameier

Motor: 4 Zyl. Reihe
DB M149II
Leistung: 48 PS
Hubraum: 1992 ccm
Drehzahl:

Farbe:

Länge: 3990 mm
Höhe: 1900 mm
Breite: 1770 mm
Radstand: 2530 mm

Eigengewicht: 1580 kg
Gesamtgewicht: 2150 kg

Kosten: 12.300,- RM
Sonstiges:
ab 1951 Glw - 2 für
Eisenbahnhilfs-
Sondereinsatz
ab 1952 FW 1
Geländewagen Glw - 1
für Waldbrandeinsatz
Vierradantrieb
Vierradlenkung
offene Ausführung

CO_2 Kraftfahrspritze

Kennzeichen: IN - 18977
Pol - 11587

Baujahr: 1938
In Dienst: 03.09.1938
Außer Dienst: 1945

Fahrzeughersteller:
Daimler Benz LG 3000

Aufbauhersteller:
Carl Metz

Motor: 6 Zyl. Diesel
OM 67/3
Leistung: 100 PS
Hubraum: 7275 ccm
Drehzahh: 2000

Farbe: Tannengrün

Länge:
Höhe:
Breite:
Radstand: 3900 mm +
1050 mm

Eigengewicht: 6540 kg
Gesamtgewicht:10150 kg

Kosten: 39.850.- RM

Pumpe: FPV 2500l / 8 bar
Löschmittel: 4 Druckgas-
batterien mit je 6
Flaschen á 25 kg CO_2
4 Schnellangriffs-
schläuche á 25 m,
Mannschaftsraum im
Heck des Fahrzeuges

Tankkraftspritze (TKS 2,5)

Kennzeichen: IN - 18978
Pol -11586

Baujahr: 1938
In Dienst: 02.09.1938
Außer Dienst: BF 1942

Fahrzeughersteller:
Daimler Benz LGS 3000

Aufbauhersteller:
Carl Metz

Motor: 6 Zyl. Diesel
Leistung: 100 PS
Hubraum: 7413 ccm
Drehzahl: 2000

Farbe: Tannengrün

Länge:
Höhe:
Breite:

Eigengewicht: 7110 kg
Gesamtgewicht: 9750 kg

Kosten: 36.950.- RM

Pumpe: FPV 2500l / 8bar

Löschmittel:
2400l Wasser
300l Schaum
Je Fahrzeugseite 2 Komet Schnellangriffs-rohre mit 25 m und 30 m Schnellangriffsschlauch

Schlauchwagen 2

Kennzeichen: IN - 18992
Pol-11564

Baujahr: 1939
In Dienst: 28.10.1939
Außer Dienst: 1945

Fahrzeughersteller:
Daimler Benz LGS 3000

Aufbauhersteller:
Carl Metz Karlsruhe

Motor: 6 Zyl. Diesel
OM 67
Leistung: 95 PS
Hubraum: 7413 ccm
Drehzahl: 2000

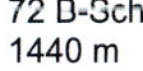

Farbe: Tannengrün

Länge:
Höhe:
Breite:
Radstand:

Eigengewicht: kg
Gesamtgewicht:

Pumpe: FPV 2500l / 8bar

Zugeinrichtung: Spill mit 3,5 t Zugkraft

Beladung:
72 B-Schläuche á 20 m
1440 m

Stoßtruppwagen

Kennzeichen: IIN - 18972
Pol - 11569

Baujahr: 02.09.1935
In Dienst: 1935
Außer Dienst: 1945
verloren gegangen

Fahrzeughersteller:
Zündapp (LKW)

Aufbauhersteller:
Opel

Motor: 2 Zyl. 4-Takt
Leistung: 12,5 PS
Hubraum: 490 ccm
Drehzahl:

Farbe:

Länge: 4050 mm
Höhe 1600 mm
Breite: 1400 mm

Eigengewicht: 681 kg
Gesamtgewicht: 1100 kg

Sonstiges:
verbleib nach 1945 unbekannt

Baugleich:
IIN-18972; Pol- 11570
IIN-18972; Pol- 11571

Abbildung zeigt bau-gleiches Fahrzeug aus einem Werbeprospekt

Krad mit Beiwagen (KS 600)

Kennzeichen: IIN 5368

Baujahr: 1939
Zulassung:
In Dienst:
Außer Dienst: 1945

Fahrzeughersteller:
Zündapp KS 600

Beiwagen:
Zündapp SW 38

Stationiert:

Motor: 2 Zyl. 4-Takt Boxer, Kardan
Leistung: 28 PS
Hubraum: 597 ccm
Drehzahl: 4800

Farbe: Tannengrün

Länge: 2150 mm
Höhe: 900 mm
Breite: 820 mm
Radstand: 1390 mm

Eigengewicht: 210 kg
Gesamtgewicht: 360 kg

Sonstiges:
nach der Restauration durch die BF Nürnberg zum Museum Industriekultur

Krad N 2 (Zündapp K 500)

Kennzeichen: AB 777 75
Pol 121656
BY 689559

Baujahr: 1937
Zulassung: 1946
In Dienst:
Außer Dienst: 07.1956

Fahrzeughersteller:
Zündapp K 500
mit Beiwagen

Stationiert auf
Feuerwache Kornmarkt

Motor: 2 Zyl. 4 Takt
Leistung: 15 PS
Hubraum: 490 ccm
Drehzahl: 4800

Farbe: Grau

Länge:
Höhe:
Breite:
Radstand:

Eigengewicht: 150 kg
Gesamtgewicht: 350 kg

Sonstiges:
ab 1951 Krad 3; Zug 3

Krad 2 (Triumph Cornet 125)

Kennzeichen: N - 2542

Baujahr: 1956
Zulassung: 08.11.1956
In Dienst:
Außer Dienst: 06.1971

Fahrzeughersteller:
Triumph Cornet 175 S

Stationiert auf FW 1

Motor: 1 Zyl. Zweitakt
Leistung: 10,1 PS
Hubraum: 197 ccm
Drehzahl: 5000

Farbe: Schwarz

Länge:
Höhe:
Breite:
Radstand:

Eigengewicht: 121 kg
Gesamtgewicht: 256 kg

Sonstiges:
ab 1962 Krad 1

im FW Museum

Krad (Hercules K 125)

Kennzeichen: N - 1490

Baujahr: 1977
Zulassung: 09.07.1977
In Dienst: 27.06.1977
Außer Dienst: 07.1997

Fahrzeughersteller:
Hercules K 125 BW
Military (Nürnberger
Herculeswerke)

Stationiert auf FW 4

Motor: 1 Zyl. Otto Fichtel u. Sachs
Leistung: 13 PS
Hubraum: 122 ccm
Drehzahl: 7000

Farbe: RAL 6003

Länge: 2085 mm
Höhe: 1110 mm
Breite: 860 mm
Radstand: 1315 mm

Eigengewicht: 124 kg
Gesamtgewicht: 300 kg

Preis: 3268,95 DM

Sonstiges:
im FW Museum

Krad H 1 (Zündapp DB 250)

Kennzeichen: AB 777 73
BY 689555

Baujahr: 1938
Zulassung: 1946
In Dienst:
Außer Dienst: 05.1954

Fahrzeughersteller:
Zündapp DB 250

Stationiert auf FW 1

Motor: 1 Zyl.
Zweitakt
Leistung: 8,5 PS
Hubraum: 247 ccm
Drehzahl: 3850

Farbe: Grau

Länge:
Höhe:
Breite:
Radstand:

Eigengewicht: 130 kg
Gesamtgewicht: 285 kg

Sonstiges:
ab 1951 Krad H
ab 1952 Krad 5

Krad 1 (Ardie RBZ Major)

Kennzeichen: IN - 2598
AB 777 69
IIN 26104
BY 689554

Baujahr: 1940
Zulassung: 1944
In Dienst:
Außer Dienst: 07.1956

Fahrzeughersteller:
Ardie

Stationiert auf FW 1

Motor: 1. Zyl.
Zweitakt
Leistung: 9,5 PS
Hubraum: 246 ccm
Drehzahl: 4700

Farbe: Oliv

Länge: 2000 mm
Höhe: 950 mm
Breite:
Radstand: 1310 mm

Eigengewicht: 125 kg
Gesamtgewicht: 285 kg

Sonstiges:
ab 1951 Zug 1
ab 1954 FW 2; Krad 4

Baugleich:
AB 777 72; Krad 41
Baujahr: 1939
Außer Diesnt: 1954

Krad 2 (DKW NZ 350)

Kennzeichen: AB 777 70
IIN 26103
BY 689551

Baujahr: 1944
Zulassung: 1944
In Dienst:
Außer Dienst: 04.1952

Fahrzeughersteller:
DKW NZ 350

Stationiert auf FW 1

Motor: 1 Zyl.
Zweitakt
Leistung: 11,5 PS
Hubraum: 346 ccm
Drehzahl: 4000

Farbe:

Länge:
Höhe:
Breite:
Radstand:

Eigengewicht: 145 kg
Gesamtgewicht:

Sonstiges:
ab 1951 Zug 2
ab 195? Brandschutzamt

Baugleich:
Krad 31; AB 777 71
Baujahr: 1945
Außer Dienst: 1952

Krad 6 (Ardie RBZ 125)

Kennzeichen: N - 2573
AB 777 78

Baujahr: 1947
Zulassung: 01.04.1952
In Dienst:
Außer Dienst:

Fahrzeughersteller:
Ardie RBZ 125

Stationiert auf FW 1

Motor: 1 Zyl.
Zweitakt
Leistung: 3,5 PS
Hubraum: 121 ccm
Drehzahl: 4000

Farbe: Oliv

Länge: 1910 mm
Höhe: 940 mm
Breite:
Radstand: 1220 mm

Eigengewicht: 75 kg
Gesamtgewicht: 230 kg

Sonstiges:
von Polizeipräsidium
übernommen
ab 1952 Krad 6
ab 1955 Krad 5 / Abt. D 1
ab 1956 Krad 3

Baugleich:
AB 777 89; Krad 7
Baujahr: 1947
Außer Dienst: 1955

Krad 6 (Triumph BD 250)

Kennzeichen: N - 2571
AB 777 76
AB 777 12

Baujahr: 1947
Zulassung: 18.08.1950
In Dienst:
Außer Dienst: 1962

Fahrzeughersteller:
Triumph BD 250

Stationiert auf FW 1

Motor: 1 Zyl.
Zweitakt
Leistung: 12 PS
Hubraum: 248 ccm
Drehzahl: 3800

Farbe:

Länge:
Höhe:
Breite:
Radstand:

Eigengewicht: 140 kg
Gesamtgewicht:

Preis: 983.- RM

Sonstiges:
ab 1951 Reserve
ab 1952 Krad 2
ab 1955 Krad 1

Krad 4 (Zündapp 200 S)

Kennzeichen: N - 2541

Baujahr: 1956
Zulassung: 1956
In Dienst:
Außer Dienst: 06.1971

Fahrzeughersteller:
Zündapp 200 - S

Stationiert auf FW 2

Motor: 1 Zyl.
Zweitakt
Leistung: 12 PS
Hubraum: 197 ccm
Drehzahl: 5400

Farbe:

Länge: 1990 mm
Höhe: 950 mm
Breite: 620 mm
Radstand:

Eigengewicht: 131 kg
Gesamtgewicht: 286 kg

Preis: 1416,60 DM

1913

1939

1945

1954

1972

2010

Josef Klug

Josef Klug, geb. 1966, ist seit 1989 bei der Berufsfeuerwehr Nürnberg im Dienst. Von der Nürnberger Presse wird er als Hobby-Historiker im Bereich des Nürnberger Feuerlöschwesens bezeichnet. Er verfasste Bücher über die Geschichte der Feuerwache Ost (2012), über die Feuerlöschgerätefabrik Justus Christian Braun (2015) und über die Geschichte der Feuerwehr Nürnberg (2017). Für dieses Werk übernahm er die Koordination aller Beteiligten, führte Recherchearbeiten durch und war für das Gesamtprojekt verantwortlich.

Rainer Zech

Rainer Zech, geb. 1956, Dipl.-Verwaltungsswirt, beschäftigt sich bereits seit seiner frühen Jugend mit dem Thema Feuerwehr, zunächst im Bereich des Modellbaus, dann mit der Fahrzeugfotografie. Hierdurch entstanden viele Kontakte zur Feuerwehr Nürnberg. Es folgten Beiträge zum Thema Feuerwehr in verschiedenen Fachzeitschriften. Heute ist er u. a. ehrenamtlich im Feuerwehrmuseum Nürnberg tätig und schreibt die von Lothar Lang erstellte Fahrzeugauflistung, die diesem Buch zu Grunde liegt, fort.

Bernd Franta

Bernd Franta, geb. 1955 in Nürnberg, ist gelernter Fernmeldehandwerker, aber schon seit 1974 beim BRK Nürnberg als Rettungssanitäter, später als Rettungsassistent tätig. Diesem Umstand und der Freude am Modellbau ist es zuzuschreiben, dass eine engere Verbindung zur Nürnberger Feuerwehr entstanden ist. Diese wiederum brachte im Lauf der Zeit einige Fachbücher über die Nürnberger Feuerwehr von dem Autorenteam Kh. Oechsler (†) und B. Franta hervor. Die Verbindung zur Feuerwehr festigt sich bis heute u. a. durch den Förderverein Nürnberger Feuerwehrmuseum e.V.

Patrick Sturm

Patrick Sturm, geb. 1968, seit 1984 aktives Mitglied der Freiwilligen Feuerwehr Nürnberg-Worzeldorf, beruflich im betrieblichen Brandschutz eines Nürnberger Unternehmens tätig. Er ist Gründungmitglied des Fördervereins Nürnberger Feuerwehrmuseum e.V. und hobbymäßiger Fotograf von Feuerwehrfahrzeugen.

Seitenzahl; o = oben; m = mitte; u = unten; al = alle Bilder einer Seite; r = rechts; l = links

Rainer Zech
4, 11, 14 o, 14 u; 15 al, 17o, 17u, 24 o, 24 m, 25 o, 25 m, 26 o, 26 m, 27 al, 28 o, 28 u, 29 al, 30 u, 31 m, 31 u, 32 al, 33 ml, 33 ur, 39 u, 40 o, 41 u, 42 u, 43 al, 44 m, 45 m, 45 u, 46 al, 50 o, 52 o, 52 m, 53 o, 53 u, 54 o, 54 u, 55 o, 55 u, 56 o, 56 m, 57 u, 63 u, 64 o, 64 m, 65 o, 65 m, 66 o, 66 u, 68 o, 68 u, 69 o, 69 u, 70 o, 70 m, 72 u, 80 m, 80 u, 81 o, 81 u, 82 al, 83 o, 83 m, 84 o, 84 m, 91 u, 92 o, 94 al, 99 m, 101 u, 102 u, 103 al, 104 m, 105 m, 105 u, 106 al, 107 m, 108 m, 109 m, 110 m, 110 u, 111 o, 111 u, 112 al, 113 al, 114 o, 116 u, 117 u, 118 m, 118 u, 119 m, 119 u, 120 m, 120 u, 121 u, 123 u, 125 al, 126 al, 128 o, 130 o, 130 u, 131 u, 132 al, 133 al, 134 o, 134 u, 135 m, 136 o, 136 u, 138 o, 138 u, 141 al, 148 ml, 148 mr, 148 ur, 149 al, 151 u, 152 m 153 o, 153 u,155 m, 156 u, 157 m, 157 u, 158 o, 158 u, 160 al, 161 o, 161 m, 162 m, 162 u, 164 al, 165 o, 165 m, 168 o, 168 m, 169 m, 170 al, 171 al, 172 u, 173 m, 173 u, 174 al, 175 al, 176 al, 177 o, 177 u, 178 o, 178 u, 180 m, 181 o, 181 u, 183 al, 184 o, 185 m, 186 u, 189 o, 189 u, 190 m, 191 m, 191 u, 192 o, 192 u, 193 o, 194 al, 225 m, 225 u

Sammlung Rainer Zech
108 o, 150 u
Hr. Viering 49 u, 80 o
Sammlung FF Fischbach 62 o
Hr. Ruppert 99 u, Matthies 116 m
Trautner 182
(BFN verm. Hr. Stieglitz) 193 u

Berufsfeuerwehr Nürnberg
Bildstelle und Sammlung
9, 10 al, 12, 13, 16 al, 17 o, 17 ml, 17 mr, 19 o, 19 m, 20 al, 22 o, 22 m, 23 o, 30 m, 31 o, 33 mr, 33 ul, 34 al, 35 al, 36 o, 36 m, 37 al, 44 o, 45 o, 47 o, 48 al, 51 o, 56 u, 60 al, 61 al, 62 m, 62 u, 63 o, 63 m, 72 o, 72 m, 74, 75 al, 76 al, 77 al, 78 al, 79 al, 81 m, 83 u, 85 al, 86 al, 87 al, 88 al, 89 o, 90 o, 93 u, 96 o, 97 o, 97 m, 98 al, 99 o, 100 o, 101 o, 102 o, 104 o, 104 u, 105 o, 107 o, 107 u, 111 m, 114 m, 116 o, 117 m, 120 o, 121 o, 122 o, 123 m, 127 o, 127 m, 128 u, 130 m, 131 m, 134 m, 135 o, 137 o, 137 m, 139 al, 140 u, 145 al, 147 al, 150 o, 150 m, 151 m, 152 o, 152 u, 153 u, 154 o, 161 u, 162 o, 163 o, 163 u, 165 u, 166 o, 166 m, 167 (wenn Bild verwendet wird) 177 m, 180 u, 181 m, 187 u, 190 o, 191 o, 192 m, 197, 198 al, 203, 204 al, 205, 206, 208, 210, 212 o, 213 al, 214, 215 al, 217, 218, 219 al, 220 al, 221, 222 al, 223 o, 223 u, 225 o

Bernd Franta
2, 14 m, 18, 24 u, 39 m, 40 m, 40 u, 41 m, 42 o, 42 m, 47 u, 49 m, 50 m, 51 m, 51 u, 52 u, 64 u, 66 m, 67 o, 68 m, 69 m, 71 al, 84 u, 89 u, 90 u, 91 o, 93 o, 100 u, 108 u, 109 o, 118 o, 123 o, 124 o, 127 u, 129 al, 135 u, 137 u, 138 m, 148 o, 148 ul, 151 o,155 o, 156 o, 168 u, 169 o, 173 o, 185 o, 186 o, 187 o, 188 o,

Sammlung Bernd Franta
Röhrl 131 o
140 m, 155 u

Josef Klug
17 m, 19 u, 58 al, 59 al, 73 al, 92 u, 114 u, 117 o, 119 o, 121 m, 122 m, 122 u, 124 m, 124 u, 136 m, 156 m, 166 u, 172 o, 178 m, 227

Patrick Sturm
26 u, 28 m, 30 o, 44 u, 50 u, 53 m, 54 m, 55 m, 57 o, 57 m, 65 u, 70 u, 100 m, 109 u, 110 o, 188 u, 189 m, 190 u

Sammlung Lothar Lang
47 m, 97 u,
Hr. Fleischmann 154 m
Hr. Fleischmann 154 u

Stadtarchiv Nürnberg
StadtAN C 7 / I Nr. 4482; 142 o
StadtAN C 7 / I Nr. 4482; 142 m
StadtAN C 7 / I Nr. 4482; 142 u
StadtAN C 7 / I Nr. 4482; 143 m
StadtAN C 7 / I Nr. 4482; 143 u
StadtAN C 7 / I Nr. 4482; 144 o
StadtAN C 7 / I Nr. 4482; 144 u
StadtAN 58 Nr. 99; 195
StadtAN 58 Nr. 96; 207
StadtAN A 39/II Nr. 2876 S; 199

Arnd Margis 18 u, 224 al
Arthur R. Riekmann 21 o
Technik Museum Speyer 21 m
Mercedes-Benz Classic 21 u
BMW Group Archiv 22 u
Dr. Michael Kratzer 23 m, 23 u, 163 u

Behringer 36 u, 96 m
Erhard Bayerlein 25 u
FFW Moorenbrunn (Sammlung) 41 o
FFW Buchenbühl (Sammlung) 146 al, 209
FFW Obermichelbach (Hr. Höcherl) 157 o
FFW Gerasmühle (Hr. Schindelbauer) 158 u
FFW Krottenbach (Hr. Blödel) 159 o
FFW Eibach 211
FFW Worzeldorf (Sammlung Sturm) 39 o
Die Ausbilung der Feuerschutzpolizei
Verlag ES. Mittler und Sohn (1944) 212 u
ToMa - Fotografie, Nürnberg 67 u
Werbeprospekt Fa. Zündapp 223 u
Rainer Gründel 49 o

Titelbild Josef Klug
HLF 20 vor der Feuerwache 1

Einband Rückseite
Bernd Franta
Rüstzug FW 4, etwa 1983

Feuerwachen

Feuerwache am Kornmarkt (Kartäusergasse)
Ehemalige Central- und Hauptfeuerwache 1875 - 1960

Feuerwache am Brandgraben (Jauerstraße)
Ehemalige Feuerwache Reichsparteitagsgelände 1934 - 1960

FW 1 (Reutersbrunnenstraße)
Ehemalige Feuerwache West; in Betrieb seit 1902

FW 2 (Veilhofstraße 20)
Ehemalige Feuerwache Ost, in Betrieb seit 1912

FW 3 (Jakobsplatz)
Ehemalige Feuerwache Mitte, in Betrieb seit 1960

FW 4 (Regenstraße)
Ehemalige Feuerwache Süd, Hauptfeuerwache, Sitz der Branddirektion und der Integrierten Leitstelle für Feuerwehr- und Rettungsdienstalarmierung in Betrieb seit 1977

FW 5 (Karl-Schönleben-Straße), in Betreib seit 2004

Abkürzungen

KzS	Kraftzugspritze
KS 8	Kraftfahrspritze 8
LLG	Leichtes Löschgruppenfahrzeug
LF 8	Löschgruppenfahrzeug
KS 15	Kraftfahrspitze 15
SLG	Schweres Löschgruppenfahrzeug
LF 15	Löschgruppenfahrzeug 15
KS 25	Kraftfahrspitze 25
GLG	Großes Löschgruppenfahrzeug
LF 25	Löschgruppenfahrezug 25
TSF	Tragkraftspritzenfahrzeug
TSF-W	Tragkraftspritzenfahrzeug mit Wasser
LF 8/6	Löschgruppenfahrzeug mit Wasser
LF 10	Löschgruppenfahrzeug 10
LF 15	Löschgurppenfahrzeug 15
LF 16	Löschgruppenfahrzeug 16
LF 16-TS	Löschgruppenfahzeug mit Tragkraftspritze
HLF 10	Hilfeleistungslöschgruppenfahrzeug 10
HLF 20	Hilfeleistungslöschgruppenfahrzeug 20
TLF	Tanklöschfahrzeug
TroTLF	Trockentanklöschfahrzeug
PLF	Pulverlöschfahrzeug
SLF	Sonderlöschmittelfahrzeug
DW	Dienstwagen
KdoW	Kommandowagen
ELW	Einsatzleitwagen
FMKW	Fernmeldekraftwagen
KL	Kraftfahrleiter
DL	Drehleiter
DLK	Drehleiter mit Korb
GW	Gerätewagen
GW-AW	Gerätewagen Atemschutz- Wasserrettung
RW	Rüstwagen
WLF	Wechselladerfahrzeug
AB	Abrollbehälter
FwK	Feuerwehrkranwagen
MzF	Mehrzweckfahrzeug
MTW	Mannschaftstransportwagen
Glw	Geländewagen
FwA	Feuerwehranhänger

Der größte Dank gilt meiner Familie, ohne deren Unterstützung ich nicht die Zeit gefunden hätte, dieses Werk zu schreiben.

Die wichtigste Person, ohne dessen Recherchen und Vorarbeiten dieses Werk nie erschienen wäre, ist leider schon verstorben. Lothar Lang hat in den 1970er Jahren begonnen, eine Liste über alle Fahrzeuge der Feuerwehr Nürnberg zu erstellen. Diese Liste diente mir als Grundlage für dieses Buch. Bei seinem Tod umfasste die Liste über 840 Datensätze. Seinen Recherchen in den Archiven der Nürnberger Zeitungen, bei der Feuerwehr Nürnberg, dem Nürnberger Feuerwehrmuseum und im Stadtarchiv Nürnberg ist es zu verdanken, dass er fast alle Fahrzeuge ermitteln konnte und die wichtigsten Daten niedergeschrieben hat. Diese Liste wurde nach seinem Tod von Rainer Zech weitergeschrieben und umfasst zurzeit über 900 Datensätze.

Alle Fahrzeugdaten wurden gewissenhaft recherchiert. Sie stammen entweder aus den Fahrzeugscheinen, vorhandenen Fahrzeuglisten der Berufsfeuerwehr Nürnberg und/oder aus Angaben der Fahrzeug- und Aufbauhersteller. Es ist jedoch nicht mit absoluter Sicherheit auszuschließen, dass sich Fehler eingeschlichen haben.

Bei den Datenboxen des Buches habe ich mich auf ein einheitliches Layout festgelegt. Wenn keine Daten zu Verfügung standen, habe ich diese Zeilen bewusst leer gelassen.

Rainer Zech, Bernd Franta, Patrick Sturm und weitere Fotografen und Firmen stellten mir für dieses Buch ihr Bildmaterial beziehungsweise Bilder ihrer Sammlungen zu Verfügung. Ergänzt wurde das Material durch Fotos der Bildstelle der Berufsfeuerwehr Nürnberg und des Stadtarchivs Nürnberg.

Die Fahrzeuge wurden nach Fahrzeuggruppen aufgeteilt und nach Baujahr geordnet. Dies führt jedoch dazu, dass die Fahrzeugbilder auf einer Seite, nicht immer einheitlich in einer Ausrichtung abgebildet werden konnten. Ein Großteil der Bilder entstand an Einsatzstellen, zufällig im Stadtgebiet oder wurden spontan auf den Wachen aufgenommen. Dabei konnten die Fotografen nicht immer auf den besten Blickwinkel, Belichtung und die Fahrzeugaufstellung Rücksicht nehmen.

Josef Klug